有料、有趣、还有范儿的葡萄酒知识

你不懂葡萄酒

[日] 石田 博 著

图书在版编目 (CIP) 数据

你不懂葡萄酒 / (日) 石田博著 ; 张暐译 . -- 南京 :
江苏凤凰文艺出版社 , 2016

ISBN 978-7-5399-9044-6

Ⅰ . ①你… Ⅱ . ①石… ②张… Ⅲ . ①葡萄酒－基本
知识 Ⅳ . ① TS262.6

中国版本图书馆 CIP 数据核字 (2016) 第 043789 号

版权局著作权登记号：图字 10-2016-020

10 SHU NO BUDOU DE WAKARU WINE by Hiroshi Ishida

This Simplified Chinese edition is published by arrangement with Nikkei Publishing, Inc., Tokyo in care of Tuttle-Mori Agency, Inc., Tokyo through Beijing GW Culture Communications Co., Ltd., Beijing.

书　　名　你不懂葡萄酒

著　　者　(日) 石田 博
译　　者　张　暐
策　　划　快读出版
责任编辑　姚　丽
特约编辑　周　挺
插　　画　@朵朵的岛
出版发行　凤凰出版传媒股份有限公司
　　　　　江苏凤凰文艺出版社
出版社地址　南京市中央路165号，邮编：210009
出版社网址　http:// www.jswenyi.com
经　　销　凤凰出版传媒股份有限公司
印　　刷　北京盛兰兄弟印刷装订有限公司
开　　本　880 × 1230 毫米　1/32
印　　张　6.5
字　　数　100千字
版　　次　2016年5月第1版　2016年5月第1次印刷
标准书号　ISBN 978-7-5399-9044-6
定　　价　32.80元

出现印装、质量问题，请致电010-84775016（免费更换，邮寄到付）

序

所谓懂葡萄酒、品葡萄酒，究竟是什么意思呢？

全世界范围内，只有少数国家才会消费法国香槟区、勃艮第区、意大利、美国加州等地区出产的稀少昂贵葡萄酒，日本是其中之一。但是，怎样才算懂葡萄酒呢？只有那些将名贵葡萄酒如数家珍，或品尝过、在搜集的人才算吗？当然并不如此。

品质优良的葡萄酒是如何酿成的呢？

1. 适宜的土地——风土

适合栽种酿酒用葡萄的气候、地形及土壤。

2. 优质的葡萄——葡萄的品种

用适应当地风土的葡萄，才能酿出饶富风味的葡萄酒。

3. 适合的气候——年份

就算是大陆性气候，每年的气候状况也都不同。比如降雨量丰沛的年份、较为干燥的年份、遭受灾害侵袭的年份等。

4. 人——酿酒师

能完全掌握前述“风土”“葡萄”“气候”三大条件，并精确无误地酿造葡萄酒的人。

想要懂葡萄酒，就必须先清楚这四大条件。

本书的重点为用来酿制葡萄酒的“葡萄”，希望各位读者们通过了解葡萄的品种，来提升对葡萄酒的认知。

本书将介绍由我严选出的十种酿酒用葡萄。光看这些葡萄品种，有的读者可能会发现，“这些不都是用来酿造意大利、西班牙知名酒款的品种吗？”因为我的选择标准正是：重要性高，栽种范围广，兼顾葡萄酒的风味与个性。也就是说，只要懂这十种葡萄，就能大致懂葡萄酒了。

我将每种葡萄自成一章，介绍其风味、侍酒法（享用葡萄酒的方法）、相关小故事，以及该品种十支酒的产地与酒庄。不过，这里所介绍的并非“该品种最优质的前十名”，而是个性鲜明、价格合理，又让人有购买欲的十支酒。

各章的最后皆会收录我以侍酒师的身份所撰写的“了解葡萄酒的十个专栏”，从多个角度介绍葡萄酒、侍酒师与餐厅，并分享我的亲身经历。此外，我特开辟“来杯葡萄酒休息一下”的专栏，解说较为专业、生僻的术语，供想更进一步学习葡萄酒的读者们参考。

葡萄品种就像能反映出风土、年份、酿造者个性的媒介。通过深入探讨葡萄的品种、掌握其特有的个性，便能更加深入地了解葡萄酒，增添品酒时的喜悦与乐趣。

目 录

来杯葡萄酒休息一下

了解葡萄酒的10个专栏

白葡萄品种

1

霞多丽
Chardonnay

纯白

风靡全世界的纯白个性

勃艮第的葡萄园

别名

Pinot Chardonnay、Morillon、Auxerrois、Aubaine、Melon Blanc、Beaunois

原产地

原产地为法国，据说是由十字军携回，再由本笃会[①]的修道院于勃艮第地区广泛种植。

霞多丽与白皮诺、密斯卡岱等品种有许多共通点，常被误认为是同一品种。

主要栽种区域

法国（勃艮第、香槟）、美国加利福尼亚州、澳大利亚、新西兰、南非、智利、阿根廷等，几乎涵盖所有葡萄酒生产国。

特征

穗小、颗粒小，带有果香与香草香气。

与白皮诺极为相似，容易感染贵腐菌（灰色霉菌）。

酿成的葡萄酒酸味强烈，乳酸发酵、木桶熟成的成效惊人。

---

① 天主教的一个隐修会。

达到世界最高峰的葡萄——霞多丽

用来酿造全世界顶级白葡萄酒的原料，正是这种名为“霞多丽”的葡萄。霞多丽的魅力席卷了世界各地，但由于其踪迹几乎无所不在，以致遭人抱怨“已经腻了霞多丽”“只要不是霞多丽什么都好”[1]。尽管如此，以优质霞多丽酿成的葡萄酒，其品质绝对是其他品种无法企及的。

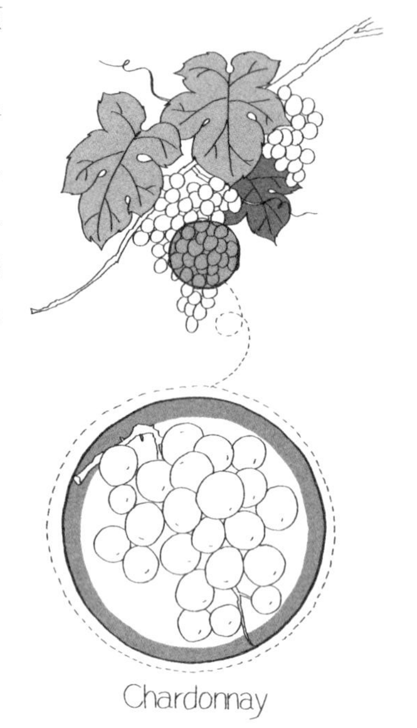

我们甚至可以说，人们之所以改用“葡萄品种”来区分葡萄酒，最早就是源于霞多丽。改变葡萄酒分类方式的起源是美国加州产的霞多丽，以及法国夏布利产的霞多丽。

以往，美国加州生产的葡萄酒都习惯以法国著名产区命名，其中名声最响亮的产区当属夏布利。但如此一来，加州葡萄酒就很容易受到法国产区的形象影响，所以此方法仅用了一段时间，不久后就被废止了。

以产区名称命名的方式遭到废止后，当地人将原为“夏布利”的酒名改为其原料（葡萄）的品种名称，于是，以“霞多丽”为名的葡萄酒就此诞生。对英语系国家的居民而言，霞多丽不但发音容易，也比较好记。自那之后，顶着法文名字的霞多丽葡萄，

---

① Anything but Chardonnay，简称 ABC。

便在转瞬之间风靡全世界各个葡萄生产国，原本“白葡萄酒＝夏布利”的形象逐渐转变为了“白葡萄酒＝霞多丽”。这个时期也是品种酒（以葡萄品种命名的葡萄酒）茁壮成长的开端。

霞多丽最大的特征是温吞无个性，也就是说，葡萄本身的香气几乎毫无特殊之处，换个好听一点的说法，就是霞多丽拥有“纯白的个性”，能与在酿造、熟成阶段才加入的香气完美相容，可塑性极高。由此可知，霞多丽真是一款塑造价值颇高的葡萄呢！

不仅如此，霞多丽对天气、环境的适应力极强，无论栽种在何种环境下都能顺利结果，要说霞多丽在任何地方都能酿出优秀的白葡萄酒也不为过吧！正因如此，霞多丽的产区才有办法涵盖全世界。即使是曾被评断难以栽种欧洲葡萄的日本，现在也已经能栽种出优质的霞多丽葡萄了。

从生杏仁、杏仁豆腐到矿物味——霞多丽的风味

硬要形容霞多丽本身的个性的话，我会说它带着生杏仁的香气。说到杏仁大家应该都很熟悉，不过日本目前几乎没有进口生杏仁，所以应该会有不少人对生杏仁感到陌生。虽然日本销售的杏仁大多已经炒过，但其中心部分的香气其实相当接近生杏仁。

我们常常会觉得霞多丽带有白花、杏仁豆腐、奶油、香草、烤土司等香气，但其实这些香气全是在酿造、熟成阶段才添加进去的，并非霞多丽本身的味道。白花味是酒精发酵产生的香气，杏仁豆腐及奶油味是乳酸发酵产生的香气，香草及烤土司味则是木桶熟成产生的香气。

以这些方式酿成的葡萄酒，酒

体深邃、口感芳醇、香气四溢，能带给品酒者强烈的冲击。接着再按照熟成度不同，又能变化出更为繁复的香气。

每款霞多丽葡萄酒的产区及年份都不同，不能一概而论，但有些霞多丽的味道会逐渐由焦奶油、干雪莉酒、蘑菇、辛香料转变成咖啡奶油，让霞多丽成为能让人享受品酒乐趣的白葡萄酒。

此外，人们也经常使用“矿物味”一词来形容霞多丽的香气。

讲到矿物的香味，应该会有很多人百思不得其解吧。事实上，就算是经常把“矿物味”一词挂在嘴边的专家，恐怕也只有少数人能透彻理解其真正的含意。但这也是情有可原的，毕竟用水果（葡萄）酿成的饮品，为何会带有矿物的香味呢？目前这个问题仍是无解啊！

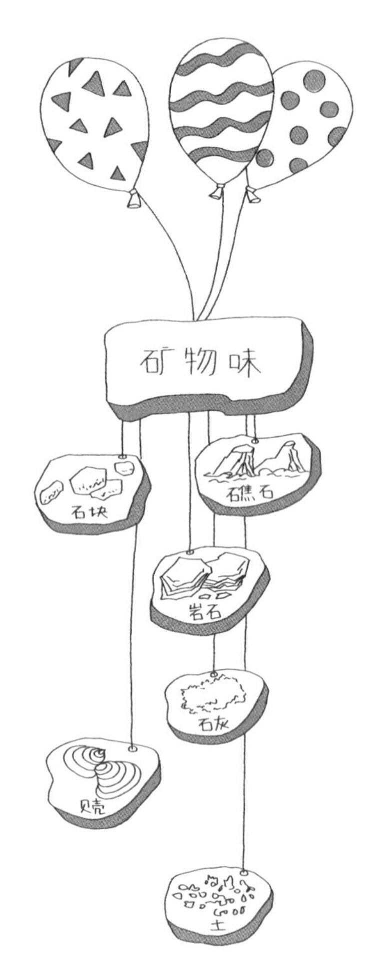

葡萄酒的香气主要是由水果、花朵、药草等草木、香料的味道构成。有人主张“除了这些味道以外的香气就是矿物味”，当然我们并无法否定这种说法。

矿物味(mineral)直译是“矿物”“无机物”的意思。具体来说，葡萄酒里的矿物味大多是（河床或山上的）石块、岩石、石灰、贝壳、土、礁石的气味。与其称这些味道是“葡萄的个性”，倒不如说是“土地的个性”。举例来说，法国勃艮第地区的夏布利带有贝壳的味道，同地区的蒙塔榭（特级葡萄酒）则带有石灰或石头的味道，这两种酒都含有土壤要素的成分。

难道是因为葡萄园的土壤富含石灰质，石灰渗进葡萄里，才让葡萄酒带上了石灰气味的吗？尽管专家认为这样的关联性几乎是微乎其微，但事实上，能让人感到石灰香气浓郁的葡萄酒，其葡萄多半都是栽种于石灰质土壤之中。看来矿物味的来源论果然是个难题呢！

不管怎么说，霞多丽葡萄酒散发出的浓浓矿物香气，确实能使其风味及口感更加醇郁。矿物感强烈的葡萄酒几乎都是经过适当的熟成，由优秀的酿酒师制造，或是于极好的年份酿制而成，这些都是不争的事实。

用霞多丽酿造的葡萄酒——两种顶级品牌酒

以霞多丽酿造的葡萄酒可大致分为两大类，一种是忠于无个性的特色、带着朴实香气与清爽矿物感的类型，另一种是用橡木桶熟成、香气逼人、酒体丰满的类型。前者的代表性酒款为法国勃艮第地区的夏布利，后者的代表性酒款为同属勃艮第地区的蒙塔榭。

夏布利可以说是“顶级的霞多丽”。不需要通过橡木桶与熟成过程来添加香气，而是靠纯白的风味、清新不腻的口感迷倒众多葡萄酒爱好者。经常听到有人说：“霞多丽始于夏布利，也终于夏布利。”自诩爱喝霞多丽、爱喝白葡萄酒的人，一定要深入了解夏布利才行。

另一款以霞多丽酿成的法国品牌酒是“香槟”。除了霞多丽之外，香槟的酿制过程中还会混合黑皮诺、莫尼耶皮诺等葡萄品种。霞多丽清澈透明的个性，特别是强烈的酸味，能为香槟构筑骨架，带来悠长的余韵。有一种被称为“白中白”的香槟，是以100% 纯霞多丽酿成的酒款。这种“白中白”香槟也足以跻身“顶级霞多丽”之列。

除了法国以外，意大利的皮埃蒙特、西西里等地区，也都是优质霞多丽的产区之一。在 1976 年的巴黎品酒会上，来自加州蒙特雷纳酒庄的霞多丽击败了勃艮第出产的顶级白葡萄酒。于是，以此座跃升至顶尖的蒙特雷纳酒庄为首，纳帕、索诺马等加州各地区都开始酿制足以威胁原产国的霞多丽葡萄酒。而俄勒冈州与华盛顿州的霞多丽也同样不容小觑。

此外，澳大利亚、新西兰生产的霞多丽皆十分优秀，智利的卡萨布兰卡谷、南非的沃克湾也都有生产回报率很高的霞多丽。

能在全世界各地酿造出高品质白葡萄酒的葡萄，非霞多丽莫属了。

能品尝到霞多丽风味的 10 支酒

- 夏布利（法国）——Laroche
- 普里尼蒙哈榭（法国）——Leflaive
- 香槟·白中白（法国）——Henriot
- 西西里（意大利）——Planeta
- 索诺马（美国）——Cutrer
- 阿德莱德山区（澳大利亚）——Petaluma
- 玛格丽特河（澳大利亚）——Cullen
- 沃克湾（南非）——Bouchard Finlayson
- 卡萨布兰卡谷（智利）——Montes Alpha
- 长野（日本）——Mercian

霞多丽的侍酒法——“好的霞多丽最好不要冰镇”是真的吗？

提供霞多丽的侍酒服务前，必须先熟悉霞多丽的类型才行。就算同为霞多丽，按照产区、酿造法及熟成时间不同，其类型也会有所改变。有些类型的霞多丽适合长时间冰镇，有些霞多丽却不能冰镇过久。

我个人偏爱夏布利，认为夏布利才是霞多丽的典范，所以会将霞多丽充分冰镇，以便带出其风味，“冰镇霞多丽”也因此成了我的服务标准之一，我通常会将之降温至 8 ~ 10℃左右。

虽然是陈年往事了，有一次在某个葡萄酒活动会场里，我听到侍酒师前辈说：“霞多丽不用冰镇也没关系。”只见他并未将酒瓶放入冰水里，直接以常温（应该有事先稍微冰镇一下）侍酒，这着实让我大吃一惊。当时正值炎夏，要是我的话，一定会先把酒瓶放入冰水里，并浸到瓶肩，让霞多丽凉透。

还有一件事，我曾在某家知名的法式餐厅里担任高级接待，某天我发现了一瓶相当超值的普里尼蒙哈榭，便决定点来品尝。虽然我已不记得具体的年份，但印象中应该是熟成度还不错的年份。只见侍酒师仅拿着酒瓶过来，开瓶并倒酒后，把酒杯放在桌上就离开了。很明显，冰镇得不够彻底。

“我想喝冰一点的……”在我如此要求之后，侍酒师浮现出有点惊讶的表情回答道，“好的，先生。”不过，最后他并没有用冰水浸泡酒瓶，而是把酒瓶放进保冷袋里而已，看来他似乎不是很愿意冰镇这瓶酒。

我并非在否定前辈跟这位侍酒师的做法，只是想让大家明白“好的霞多丽最好不要冰镇”这个想法有多么深植人心。

我不反对这种方法，只是我认为先将霞多丽降温至 8 ~ 10℃

后，再让其温度慢慢升高比较合适。当然也有例外状况，如果是蒙哈榭的话，通常会先降温至 14℃，再使之回温至室温（约 23℃）。

不过，也或许是因为霞多丽葡萄拥有纯白的个性，所以其葡萄酒以及葡萄酒的产地、类型及侍酒方式才会如此多样化吧！

来杯葡萄酒休息一下

1 乳酸发酵

Malolactic fermentation

在此，我想跟各位说明下什么是“乳酸发酵”。乳酸发酵对霞多丽的影响甚大，其效果也相当显著。所以，希望大家能对乳酸发酵先有一定程度的认知。

霞多丽最大的特征就是带有强烈的酸味。酒精发酵结束后，葡萄酒内会富含大量的酸性物质——苹果酸。诚如其名，苹果酸的味道就像是咬了一口青苹果后，那阵让人不禁抿嘴皱眉的锐利酸味。

“乳酸发酵”指的是乳酸菌将苹果酸转变为乳酸的过程，有三分之一的苹果酸会于乳酸发酵的过程中分解成碳酸。乳酸的酸味比苹果酸要圆润，刺激性也低，就如同青苹果与酸奶的区别。也就是说，在乳酸发酵结束后，葡萄酒的酸味将趋于柔和，而且有三分之一的苹果酸已转变成碳酸排出，等于酸味的含量减少了三分之一，所以乳酸发酵也能算是一种“减酸处理”。此外，乳

乳酸发酵
分解
JACOB'S CREEK

酸发酵同样会影响到香气，为葡萄酒增添奶油般醇厚的风味。

苹果酸容易在熟成过程中变质，导致葡萄酒变味，但只要将苹果酸转化成乳酸，就能使葡萄酒保持在较为稳定的状态了。

从醒酒来谈侍酒师的心得

无论是白葡萄酒、红葡萄酒还是香槟，几乎所有高陈年潜力（高熟成能力）的葡萄酒，都很容易在酒龄尚浅时封闭香气，所以最近有越来越多的侍酒师会采取较前卫的侍酒方式——不光是红葡萄酒，连香槟、白葡萄酒也都跟着醒酒（décantage）。

的确，只要将“伟大”的白葡萄酒换瓶醒酒后，就能缓和原本封闭的印象，使其散发出丰富、复杂的香气。“太棒了！我把酒变得更美味了！”侍酒师们总会不自觉地沉浸在这股优越感当中，我也不例外。当我任职于赤坂的银塔餐厅时，就曾洋洋得意地运用了这个现学现卖的侍酒方式。无论是高价的香槟还是白葡萄酒，我都会先醒酒，就差没有脱口而出：“当今谁不这么做啊！”

某一天，有位客人点了熟成 10 年以上的高登查理曼（勃艮第区产的特级葡萄酒）。开瓶试饮后，我发现酒香明显封闭，便毫不犹豫地将之换瓶醒酒。

“口感您还满意吗？”在我如此询问后，对方却回我道，“完全没有香气，应该是你醒酒了吧？”

显然在看到我醒酒的时候，他就觉得十分诧异了。

虽然客人没有要求要退款或补偿，但我仍感到相当错愕。经过一段时间后，高登查理曼的香气明显越发强烈，光是将酒注入酒杯，就能感受到丰富的香气冉冉而上，我也听到该名客人小声地嘀咕："真好喝呢。"

是的，醒酒并不是错误的选择。原本会感到不甚愉快的客人，在喝完高登查理曼后，竟又点了一杯红葡萄酒呢。

故事讲到这里，只要以一句"结局圆满"收尾就可以了，但事情并没有那么简单，因为我犯了两个严重的错误。

换瓶醒酒固然能让酒香更加馥郁，但香气并不会马上散发出来，而是需经过一段时间后，才会逐渐飘散出来。醒酒之后，香气甚至比原本还要稀薄，这点完全在我的意料之外。事实上，在这次的事件发生以前，我完全不知道这个道理。也就是说，我居然在欠缺知识和经验的状态之下，自负地胡乱摆弄客人的酒，更不用说全是昂贵的葡萄酒，现在回想起来都觉得羞愧到无地自容。

我犯的另一个错误，就是没有事先询问客人的想法。

"换瓶醒酒后，酒的口感就会更好"这不过是我的一己之见，客人说不定不这么认为，有些人甚至还会否定"醒酒"这个做法本身。在那之后，我询问了品酒的专家们，得到了"优雅感及致密感太过稀薄""虽然香气更为馥郁，但口感却变得死板"等意见。于是，我好好地自我反省了一番。说不定那位客人原本能舒服地享受一顿豪华的晚餐，结果却因侍酒师"不体贴、只追求自我满足的"服务态度，在心里留了个疙瘩，就那么不愉快地回家了。

厨师运用食材及本身的经验、技术烹饪出美味的菜肴，而侍酒师并非酿酒者，故无法改变葡萄酒本身的味道。侍酒师的使命是要将客人所点的葡萄酒以最完美的状态奉上，给予客人满足感。也就是说，侍酒师不能会错意，绝对不能以为"这酒是自己选的"或"是自己把酒变美味的"。

但相反的，也有很多客人是期待侍酒师的表现、信赖侍酒师的专业，才来店里消费的，若对客人说出“这酒不是我酿的啊！”之类的话，恐怕会让客人大失所望。因此，侍酒师偶尔也必须担任葡萄酒启蒙者的角色。侍酒师要如何扮演好自己的角色，确实是一件相当困难的事。

醒酒（摄于 2000 年的世界最佳侍酒师大赛）

专栏 ①

侍酒师的起源

在18世纪王公贵族远征之际，通常会有酒政（échanson、échansonnerie）随侍，负责管理重要的货车。在那个年代，葡萄酒及辛香料都是外交及贸易上的重要物品，理所当然会妥善地存放在“重要货车”里头。

每到用餐之前，主人都会亲自进到货车里，“今天就喝这款酒吧！”自行挑选用餐时要品尝的葡萄酒。看到这里，大家应该不难联想到，在主人选好酒之后，酒政则负责侍酒的工作。

有时候，主人会传唤酒政，并如此吩咐：

“喂！把某某国王送我的酒拿过来！”

“前阵子远征意大利时带回来的酒还有剩吗？”

这些景象应该都曾经在历史上出现过吧。

当时的葡萄酒全贮存在橡木桶里。将酒倒入醒酒壶并端上餐桌，也是酒政的工作。

或许偶尔也会由酒政推荐酒款。

“这个橡木桶已经放很久了，建议您今晚先饮用这桶酒。”

那也是个频繁以葡萄酒交流的时代。

“今天要邀请某某王侯来用餐，就准备某某王侯本国的葡萄酒吧！”

相信主人应该也会如此吩咐酒政。

我们可以推论出，正是这些历史奠定了今日侍酒师的基础。最重要的一点是，酒政的工作内容为：保管贮藏的葡萄酒，使之处于最完美的状态。主人重要的葡萄酒若出了什么差错，可是不得了的大事，想必当时的酒政们应该都会卖命地轮番看管葡萄酒吧！为了及时应付主人的突发要求，仓库内一定得随时保持整齐，按照葡萄酒的购买时期、生产区等，将各式葡萄酒分门别类保管。

另外，有权决定要购买（调动）、饮用哪些葡萄酒的人，并不是酒政，而是主人。因此，葡萄酒的地位等同于主人、夫人的刀剑与宝石，必须谨慎以对。

更不可能会有酒政开口要求：“我想要买那款酒。”至于对摆在餐桌上的酒高谈阔论，也是主人的工作。对酒政而言，酒是主人的私有物，就算做梦也不能把自己个人的意见带入酒里。没错，他们的使命只不过是仓库管理人、餐桌上的隐形人罢了。

虽然如此，当时应该也有一些思想开放的酒政。

“啊！真是好酒啊！这究竟是在哪个地区、由谁酿造出来的呢？”

“这桶酒再放上一段时间应该会更好……”

“这桶酒一定会越陈越美味，主人如果能多买一点贮存就好了。”

就这样，酒政逐渐演变为今日的侍酒师。

法国革命之后，供应饮食的地点从宫廷转为餐厅，这项转变在侍酒师的发展历史中，占有相当重要的地位。

到了这个时代，负责购买酒类的人变成了餐厅的老板。在当时的法国，人们将贮藏的葡萄酒视为相当重要的资产，自然会由经营者亲自购买。此时的侍酒师主要负责管理与餐厅财产无异的葡萄酒，将保持在最好状态的葡萄酒提供给顾客。

随着时代的变迁，流通于市的葡萄酒变成瓶装，品牌更加多样化，酒款的选择方式也变得更为复杂，葡萄酒渐渐成了拥有专门知识的人才能懂的商品。于是，侍酒师也开始参与选购葡萄酒的工作。

现在的侍酒师会亲赴产地与酿酒师交流。日本常邀请许多知名的酿酒师来参加品酒活动或餐会，所以就算待在日本，也有机会与来自世界各地的酿酒师们交流。至于制作“酒单”就完全是侍酒师的工作了。侍酒师们会挑选优质的酒，有时也会选择一些稀有的酒款，勤奋地制作酒单。

无论从事何种职业，无论是什么人，都不能忘本。一旦忘记自己的本分，就算走在自认最正确的道路上，也有可能会走偏。

侍酒师的本分即为仓库管理者。正因如此，侍酒师最重要的工作就是要妥善保管酒类，并正确管理库存。

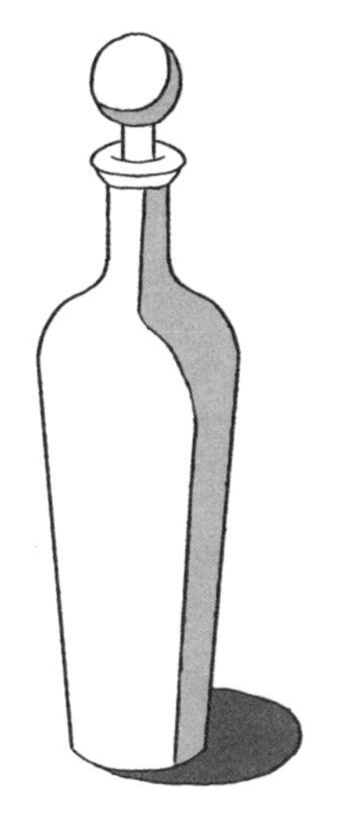

2

雷司令
Riesling

纤细

同时具有纤细感及高潜力的葡萄

阿尔萨斯的街道

别名

Rheinriesling、Johannisberger

原产地

莱茵河上游区域。最早出现在15世纪的文献中，据说是在摩泽尔、阿尔萨斯一带被发现。

主要栽种区域

以中欧为中心，拓展到德国、阿尔萨斯、奥地利、意大利北部、北美洲（华盛顿州、俄勒冈州）、加拿大、澳大利亚。

特征

果粒小、果皮呈黄绿色（日照丰富的产区会呈黄褐色）。

果肉多汁，香气芬芳，成熟后甜味强烈。

属于晚熟型的品种，抗病性强，适合种植于各种不同类型的土壤里。

酿成的葡萄酒口感清爽、优雅又带有果香，特征为多层次的酸味。

可酿造的酒款从辣口到甜口都有，运用范围相当广泛。

重拾优良名声，现已成了品质标杆的葡萄

若要用一个词来形容雷司令酿成的白葡萄酒，“纤细”无疑是最贴切的表达。雷司令兼具纤细感与高度的陈年潜力，是其他品种的葡萄无法比拟的。

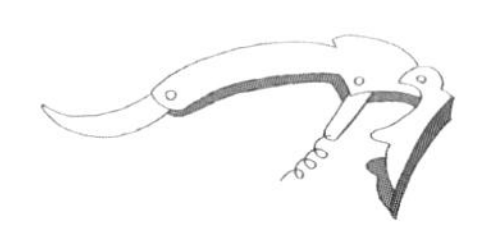

德国产的雷司令具有细腻酸味引出的优雅感，将之酿成贵腐酒、冰酒[①]后，还兼具芳醇的甜味。因此，19 世纪到 20 世纪初，雷司令所获的好评与全法国最伟大的红葡萄酒几乎不相上下。

不知是否因为名声太过响亮，自那之后雷司令的产量便急增。然而，如果雷司令葡萄的收获量太大，其品质就会明显劣化。也就是说，产量大增会导致雷司令降级成风味欠佳的葡萄。为了掩盖这项缺陷，人们开始酿造带有甜味（残留了糖分）的葡萄酒，就是所谓的“葡萄汁般”的葡萄酒。此结果使人们普遍认为德国葡萄酒＝清淡的白葡萄酒，也重塑了雷司令的形象。

到了 20 世纪 80 年代后半期，人们才逐渐重视雷司令葡萄酒的品质，并大幅改变其酿造方法。阿尔萨斯地区、德国及奥地利都开始减少雷司令的产量，致力栽种高品质的葡萄。

于“暖气候产区”酿造出的葡萄酒富含甜味、酒体丰盈，曾经风靡一时，美国加州与澳大利亚的葡萄酒也于当时获得青睐。与此同时，由寒冷

① 将成熟的葡萄以自然或人工方式结冻，浓缩糖分与精华的方法。在德国、加拿大等地，则会酿造名为“冰酒”的甜葡萄酒。

地区所酿造、以酸味为基调的“冷气候产区葡萄酒”也开始备受瞩目。这里所说的“冷气候产区葡萄酒”即为黑皮诺与雷司令。

酸味迷人的雷司令产于冷气候产区，这样的地区有栽种出优质葡萄的潜力。“能栽种出优质雷司令的产区，自然会深受好评”，这种说法一点都不为过。于是，雷司令逐渐洗刷污名，成为高品质葡萄酒的标杆。

关键在于舒畅的酸味与“汽油味”——雷司令的气味

用熟透的雷司令酿成的葡萄酒，酒体纯净具透明感，味道能于口中自然扩散。雷司令独有的绝妙酸味，撑起其酒体架构，而这酸味正是雷司令最具价值的部分。

多亏了这多层次的酸味，让雷司令得以缓慢地熟成，也就是说，雷司令是一种能够长时间放置，慢慢熟成的葡萄酒。其他葡萄酿造的高品质白葡萄酒虽然可以熟成 10 年左右，但多少会带有一点氧化的味道。而熟成10年的雷司令不仅不会氧化，反而还能让人品尝到新鲜感。

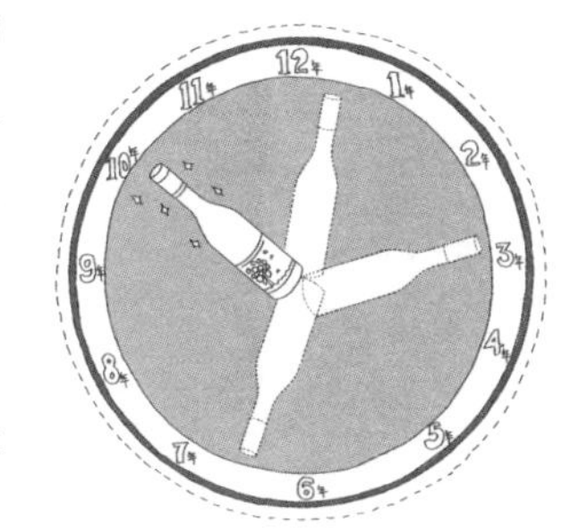

此外，雷司令拥有其他品种所没有的独特“汽油味”。所谓的汽油味，

其实类似肥皂、塑料的味道，有人甚至用“丘比特娃娃”来形容此味道。由于这些表达方式都太不适合用来形容饮料，所以也有人将之比喻为洋甘菊、菩提茶的香气。

汽油味属于“矿物味”的一种，矿物味是葡萄酒产生还原反应后出现的香味。雷司令的酸味之所以如此强劲，是因为以往在酿造、熟成雷司令时，都会尽量避免接触氧气，所以才容易出现还原反应，造就了这股特殊的香气。

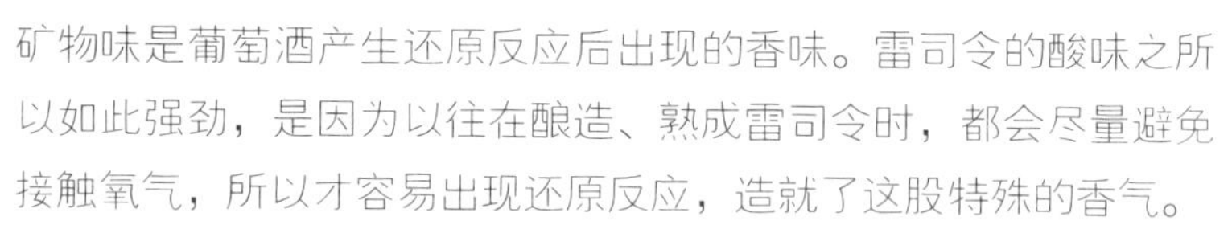

随着酿造技术的进步，现在人们可以通过减小还原反应的幅度，让雷司令的汽油味变得比以往还要稀薄。但不管怎么说，汽油味仍旧是雷司令最具代表性的香气。

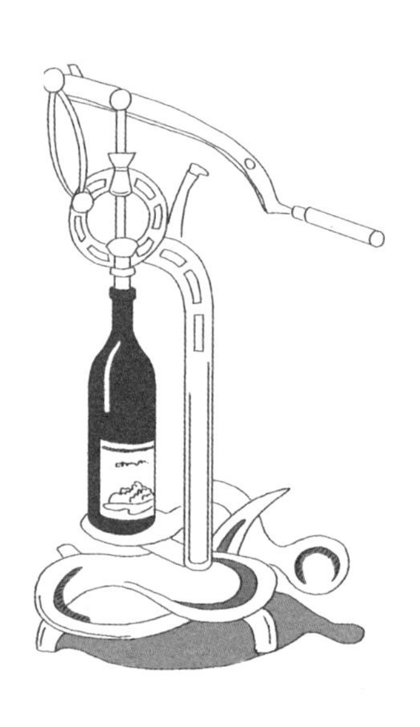

来杯葡萄酒休息一下

2 氧化与还原

Oxidation and reduction

众所周知，“熟成”是葡萄酒独有的特征，也是其极大魅力所在。

熟成指的是“通过氧化与还原反应，使葡萄酒的风味及味道变得更佳的过程”。经由“氧化”与“还原”这两种相反的反应，“熟成”才得以顺利进行。

那么，究竟什么是氧化呢？氧化就是物质接触空气后发生的反应，相信大家应该很熟悉。氧化后的葡萄酒会变成茶褐色。若是白葡萄酒的话，会产生雪莉酒般的香气；若是红葡萄酒的话，则会出现动物般的香气。适当的氧化能为酒体增添醇厚口感与香气，但若氧化反应太过剧烈，反而会降低葡萄酒的品质。

而“还原”这个词，大家应该不常听到。专家倒是经常会被问及“还原”究竟为何物。简单来说，还原就是氧化的相反反应。

物质接触氧气所引起的反应称为氧化，相反地，物质在没有（或是极少）氧气的状态下发生的反应就是还原。我们可以说，氧化能让葡萄酒的风味释放出来，还原则能凝聚葡萄酒的风味。

“矿物味”是还原反应后出现的典型香气，还有可能会产生铁、血液、土壤、烟熏等其他味道。

举例来说，将带有上述还原香气的红葡萄酒，结合因完美氧化作用所形成的动物气味，熟成后将会产生“黑松露”的香气。

抑制氧化的因素越多，就越容易引起还原反应。也就是说：

1 氧气遭到阻隔（酒瓶或桶子的中央到底部完全遭到阻隔）

2 含有碳酸（气泡酒）

3 添加抗氧化剂

4 酸味丰富

5 酒精发酵后（发酵过程中容易缺氧）

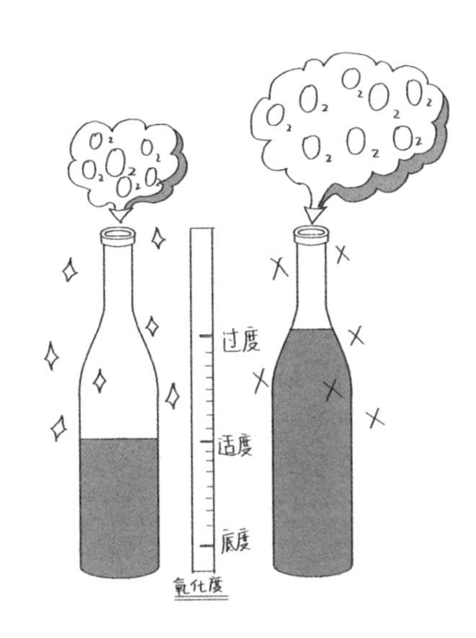

上述条件都容易引起还原反应。

但如果过度还原的话，香气将会遭到极端封闭，甚至还有可能出现汽油、煤气、老旧日光灯烧焦的臭味等令人不适的味道。

必须让葡萄酒适当接触氧气、产生适当的还原反应，才有办法顺利进行熟成。以人类来比喻的话，氧化就如同“上了年纪”，还原则像是“内在的成长”。

世界各地的雷司令——凉爽葡萄产区的象征

如前所述，雷司令是冷气候产区的象征，大多栽种于凉爽的地区，再由当地居民酿造成优秀的白葡萄酒。

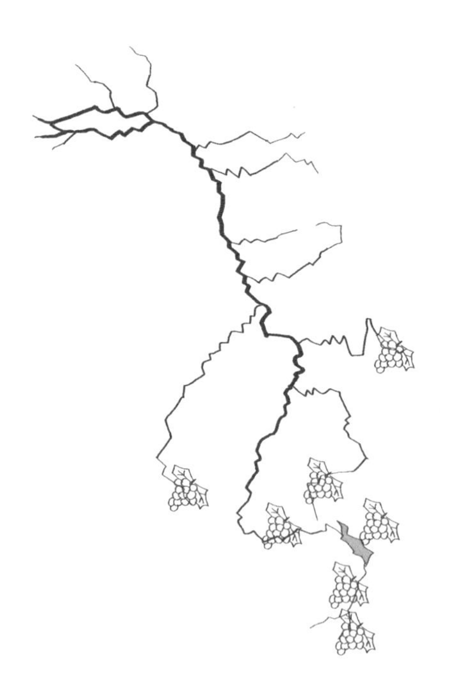

最知名的雷司令产区为德国的摩泽尔与莱茵高。摩泽尔产区的葡萄酒口感舒畅宜人，特色为酒体清凉、具透明感、延展性高，而莱茵高产区的葡萄酒则口感较为浓缩、厚实且平衡感好。以这两大产区为首，德国各地皆有种植雷司令，无论是哪个地区生产的雷司令葡萄酒，都具有纤细的顺滑口感。

阿尔萨斯是个与德国不分高下的雷司令产区，尤其是由 Grand Cru（特级葡萄园）所酿造的阿尔萨斯雷司令，不但洋溢着芳香，充斥着深邃的矿物味，且余韵悠长。其复杂感、陈年潜力完全不输给勃艮第特级葡萄园出产的葡萄酒。

在邻近德国的奥地利瓦豪地区，尽管葡萄产量少，仍能栽种出品质绝佳的雷司令。此地生产的雷司令有着介于阿尔萨斯及德国之间的饱满口感。

除了欧洲以外，澳大利亚也以高品质的雷司令闻名于世。在气候凉爽的南澳，克莱尔谷、伊甸谷等产区的葡萄品质都足以与原产国匹敌。在位于西澳的大南区，此地出产的雷司令带有明显的酸味。

在加拿大的安大略省，有一种仅残留些许甜味的微甜雷司令，相当具有魅力，是常见的冰酒原料。

而美国的华盛顿州与俄勒冈州，也都有出产矿物味丰富的雷司令。

能品尝到雷司令风味的 10 支酒

- 阿尔萨斯（法国）——Trimbach
- 阿尔萨斯（法国）——Weinbach
- 摩泽尔（德国）——Dr.Loosen
- 莱茵高（德国）——Robert Weil
- 莱茵高（德国）——Georg Breuer
- 瓦豪（奥地利）——F.X.Pichler
- 瓦豪（奥地利）——Loimer
- 克莱尔谷（澳大利亚）——Grosset
- 大南区（澳大利亚）——Plantagenet
- 华盛顿州（美国）——Chateau Ste. Michelle

雷司令的侍酒法——先将酒瓶放入“大量的冰块与水中”

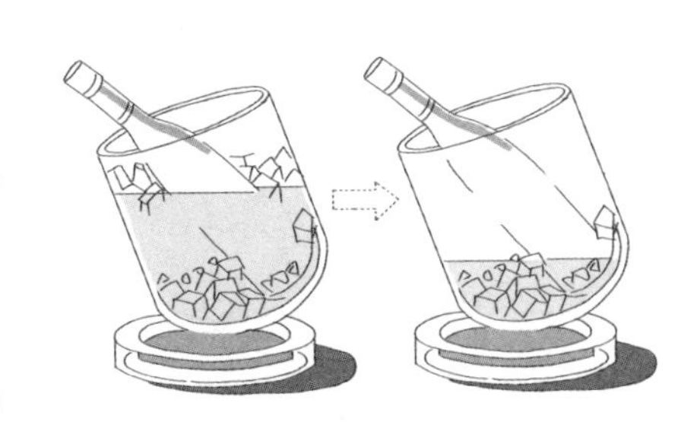

如果说霞多丽是不适合冰镇的酒款的话，那么雷司令最基本的侍酒方式就是要“好好冰镇”。以往阿尔萨斯的酒瓶上也曾贴着“Servir frais(冰镇后再端送)”的标签。

以雷司令侍酒时，通常会先将之降温至 8 ~ 10℃左右。当然，雷司令的种类丰富，从追求新鲜感的酒款到酒体强劲的酒款都有，所以我们也可以按照种类慢慢回温，不过雷司令并不必像霞多丽一样回温至室温。

雷司令通常会盛装在瓶身细长的“长笛型”酒瓶中，因此，在将之放入装满冰水的冰桶里冰镇时，必须特别留意细长的瓶子是否有完全浸入。

若冰桶的高度不足，酒瓶颈部无法浸入水中，将导致最后一杯酒冷得不够彻底，这样就太浪费雷司令了。因此，雷司令的侍酒重点就是要放入“大量的冰块与水中”。不过，若将酒瓶长时间浸在冰水里的话，温度反而会降得太低，所以请记得于中途将雷司令换至冰量较少的冰桶里。也有些人会把酒瓶换到仅底部铺着一层冰块的冰桶里，达到保冷的效果。

想让雷司令回温的话，可将酒瓶拿出冰桶，放在桌上待其回温。但我个人不太喜欢长笛型酒瓶放在桌上的模样，所以通常会让酒瓶一直待在冰桶里。

想达到还原效果的话，则需要进行醒酒，不过，我并不会将雷司令换瓶醒酒。若换瓶倒入醒酒器里的话，其酒体就会整个扩散开。我想让客人品尝到雷司令的纤细感、透明感，以及延展性十足的美妙酸味，毕竟我一直都认为“风味凝聚的雷司令，才有资格称作雷司令”。

雷司令带来的缘分

各位有听过杰西丝·罗宾逊（Jancis Robinson）小姐吗？她是世界上最权威的三位葡萄酒品酒师之一，光用“小姐”来称呼她实在是令我惶恐至极。

她在祖国——英国拥有自己的电视节目，而且她的著作在全世界都有译本，可说是一位影响力极大的人物。我在准备世界最佳侍酒师大赛（1998年、2000年）期间，曾反复阅读她的作品《葡萄酒指南》(Companion to wine)，书都被我翻烂了呢。

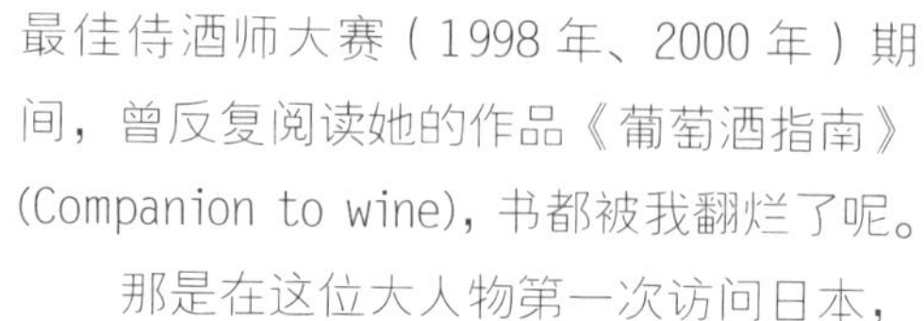

那是在这位大人物第一次访问日本，举办研讨会时所发生的事。

当我以听众的身份抵达会场后，有位工作人员前来向我搭话，

“杰西丝·罗宾逊小姐现在刚好在休息室，她好像很想跟日本的专家交流，我带您去打声招呼吧！”

这突如其来的提议让我不禁浑身紧张起来。

在我拖着僵硬的身体踏入休息室后，杰西丝·罗宾逊小姐十分亲切地迎接我。

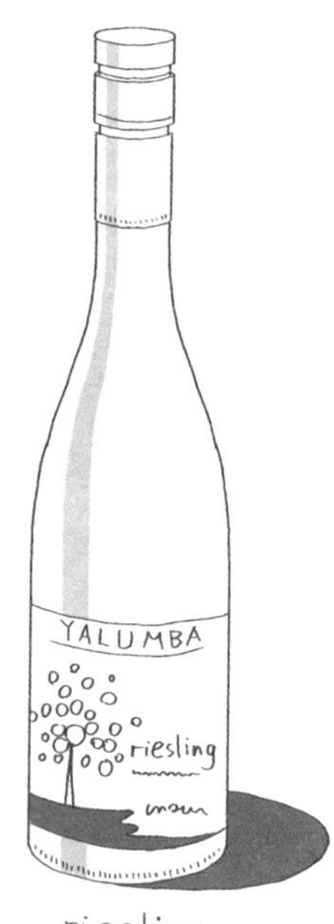

riesling

“您最关注哪种葡萄酒呢？”她这么问我。

（真不愧是记者，用提问代替“换名片吗”，早知道就把那本翻烂的书带来了……）

尽管内心困惑不已，但我仍回答道，“具有理想酸味的雷司令。我特别注目寒冷产区的酒款。”

“确实如此呢。”她赞同了我的回答。虽然当时的我以为这只是客套话而已。

然而，在研讨会开场后，她居然如此说道：“今天我要介绍我所关注的葡萄酒——雷司令。雷司令拥有无穷的潜力，刚才侍酒师石田博先生也赞同了我的想法。”这或许是习惯演讲的她特有的“吸睛话术”吧，但我仍对此感激不尽。

接着，我便很荣幸地与她以一搭一唱的形式继续着研讨会。

研讨会结束后，我们虽然再未见面，也没有保持联系，但是对我来说，那场研讨会是一段永生难忘的回忆。

当然，在那之后雷司令也成了我更加钟爱的葡萄酒。感谢雷司令为我带来这段一期一会的美妙缘分。

专栏 ②

何谓好的葡萄酒?

我想在此跟各位探讨下这个极其朴素的问题。

以前，我曾在某个葡萄酒讲座上，询问过参加者们：“你觉得什么是好葡萄酒？”

- 高价的葡萄酒
- 稀有的葡萄酒
- 经过熟成的葡萄酒
- 伟大产区（葡萄园）酿造的葡萄酒

这些是我得到的回答。

上述答案都没有错，我们还可以由此推断出一个结论——“高级的葡萄酒＝好的葡萄酒”。照这么看来，所谓“好的葡萄酒”应该就是高级的葡萄酒吧。

然而，并非所有的葡萄酒产区都有在酿造高级葡萄酒。

事实上，在酿造高级葡萄酒的产区仅在少数，就连勃艮第等多数高级葡萄酒产区，也都不只是在酿造高级葡萄酒，几乎所有高级产区都还是以生产平价葡萄酒为主。

也就是说，若以“高级的葡萄酒＝好的葡萄酒”为标准的话，那所谓“好的葡萄酒”就变成世上为数不多的在酿造的葡萄酒了。

换成菜肴试想一下吧！

“超高级法式餐厅的菜肴是好菜肴，简单又平价的餐馆的菜肴就不是好菜肴”，这个论点显然无法成立。不论是撒上大量白松露的手工细宽面，还是单拌着茄汁的普通意大利面，都能带给人们同样的享受。

我认为葡萄酒也是如此。

但是，具体来说，什么才是“好的葡萄酒”呢?

首先，我想先列出葡萄酒本身的魅力。

●产区的个性非常鲜明
●熟成
●能搭配菜肴品尝
●拥有许多不同的个性
●有故事性（文化、历史）

葡萄酒还具有许多其他魅力，但优于其他酒精类饮品的魅力大概就是这几点。

◎产区的个性非常鲜明

产区的气候、土壤，甚至是文化、历史、习惯及饮食的不同，都会明显地反映在葡萄酒上，也就是说，葡萄酒带有“产区独有的味道”，这在法文里称为“Terroir（风土）”，是生产者们相当重视的一个因素。

因此，我们需要重视的是，并非“因为是波尔多产的葡萄酒，所以它就比较高级”，而是“因为是波尔多产的葡萄酒，所以它带有波尔多独特的个性”。

◎熟成

葡萄酒会历经年轻状态、封闭状态（锁住香气及风味的时期）、魅力绽放的状态，接着迎来熟成的高峰期，再到通过氧化反应展现出强烈个性的状态。就算是相同的葡萄酒，在不同时期饮用也能尝到其鲜明的个性差异，这就是所谓的熟成。

◎能搭配菜肴品尝

如前所述，每个地方都有自己的菜肴，这些菜肴与葡萄酒吸取同样的空气、生长在同样的环境，正因如此，葡萄酒才能与地方菜肴完美结合。这种组合的美味绝非仅限于“还蛮好吃的”程度而已，我们甚至可以如此形容：同时品尝宛如天作之合的菜肴与葡萄酒，眼前便会自然浮现出当地的景色。

◎拥有许多不同的个性

葡萄酒是世界上生产区域最广的酒类之一，再加上多样化的葡萄品种、各式各样的种类（气泡酒、白葡萄酒、红葡萄酒、桃红葡萄酒、甜型、辣型……）、不同的年份、酿酒师，在这些因素的搭配组合之下，几乎可以孕育出无限种类的葡萄酒。

葡萄酒具有丰富的多样性，其个性之多变，无法光凭葡萄品种一概而论。

“富有土地本身的个性、具有不同的熟成程度、与菜肴完美结合、拥有多样化的个性，再加上带有故事性。也就是说，集历史、文化、风俗、逸闻于一瓶。”我认为这就是所谓的“好的葡萄酒”。

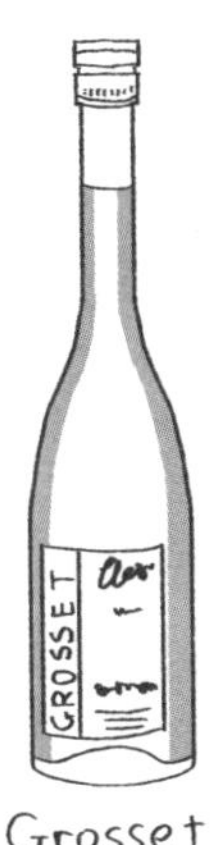

3

长相思
Sauvignon Blanc

芳香

芳香型葡萄的代名词

别名

Fumé Blanc、Muskat Silvaner

原产地

不明。法国从 18 世纪开始栽种长相思。

主要栽种区域

法国(波尔多、卢瓦尔、法国西南产区、朗格多克)、意大利(弗留利、威内托)、奥地利、西班牙、美国加州、智利、阿根廷、南非、澳大利亚、新西兰。

特征

穗小、颗粒小，果皮厚，味道像麝香葡萄。

树势强①、成熟期稍迟。

若未完全成熟的话，容易带有香草等草木的气味，熟透后则会带着奔放的果实香气。

---

① 根系发达，茎秆健壮，相对周围苗木它的争夺水、肥能力更强势一些。

长相思是葡萄界的“灰姑娘”

大家应该多少明白芳香（aromatic）这个词的意思吧？当侍酒师使用“芳香”一词时，等于是在明确形容葡萄品种的香味，也就是说，芳香＝葡萄品种的香味强烈，且这些葡萄在酿成葡萄酒后，也能让人明显感受到果实的芳香。

长相思几乎可以算是最具代表性的芳香型葡萄，与个性贫乏的霞多丽完全相反。

“要喝就喝干白，带水果味的酒是给初学者喝的”，或许是因为以往人们普遍认为勃艮第的白葡萄酒最为优秀，所以总会有这种既定印象。受到无甜味的霞多丽影响，带有果香的长相思就陷入了窘境。

长相思是生长于波尔多地区与卢瓦尔河中上流域的葡萄品种。在古时的波尔多地区，长相思担任的是辅助角色，用来与榭密雍[1]混调。当时，人们认为“波尔多的红葡萄酒绝佳，但白葡萄酒却不及勃艮第”，

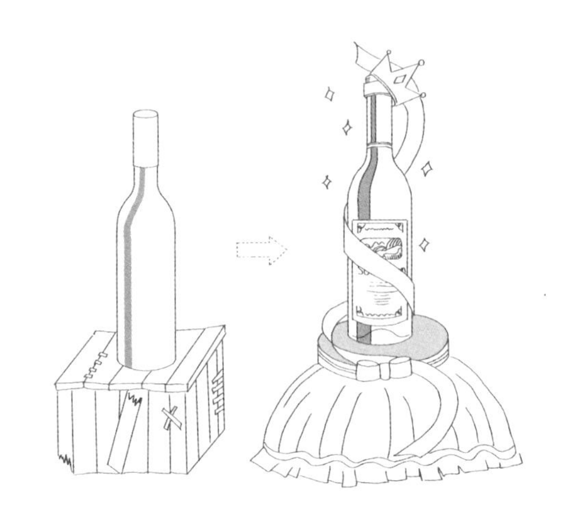

① 法国波尔多地区的白葡萄品种，也是澳大利亚自古栽种的葡萄品种，特征为带有“麝香”及“碘”的味道，可添加于辣型酒，或是用来酿造甜型（贵腐）酒。

也就是说，波尔多白葡萄酒的品质形象不甚良好。如前所述，长相思属于芳香型葡萄，但也有人批评长相思带着“不讨人喜欢的香气”。

饱受批判，成为众矢之的就是长相思的“青草味”，“长相思＝药草味”的形象也因此深植人心。带有强烈药草等草木味道的葡萄，通常会被认定为尚未成熟，导致长相思的评价远远不及霞多丽。

20 世纪 80 年代，波尔多地区进行了长相思的研究与改良，人们开始将酿酒的重点放在该品种原有的“果香”上。随着“既新鲜又含果香”这种表达方式的流行，长相思也跃升为主角，推翻人们心中“干白葡萄酒才是白葡萄酒”的认知，再度博得高人气。

在长相思声势上涨之际，还有另一股推波助澜的助力。“可以把长相思放入橡木桶中酿造”——波尔多大学的酿造学权威教授发表了这个崭新的提案，并亲自实践。这项革新的酿酒技术，帮助长相思踏上了名为“洗练”的新阶段。

长相思的发展并非仅止于此，人们还进行了关于果实成熟的研究。研究结果指出，长相思虽然容易带有青草味，以及会让一部分人感到不舒服的味道，但这些并不是葡萄本身的味道，而是跟葡萄酒的熟成度有关，也就是说，“熟成时间适当的长相思不会透着青草味”。

就这样，长相思有了清澈又华丽的风味、橡木桶酿出的洗练感，以及陈年潜力，让波尔多白葡萄酒的品质大幅提升，进化到几乎与勃艮第白葡萄酒不分高下的境界。

另一个长相思产地——卢瓦尔也仿效波尔多的做法，迎来与波尔多相同的发展盛况。没有青草味、熟成度高的葡萄酒成了当地的酿酒标准。跟 20 年前人们印象中的长相思相比，进化到今日的长相思的个性已完全不同。

现在，不光是法国，长相思独特的个性在世界各国都享有极高的声誉。另外，现代人倾向香气馥郁的葡萄酒，所以也有越来越多的酿酒师会选用长相思酿制葡萄酒。长相思就像是葡萄界的“灰姑娘”呢！

猫尿？黑加仑花蕾？——长相思的气味

由田崎真也先生主办的“青年侍酒师研讨会”就像是侍酒师的训练营，总会进行斯巴达式的品酒训练。不过这都是在田崎先生成为世界最佳侍酒师以前的事了。

至于训练过程有多么严苛，有机会再跟大家聊。在此我要讲的重点是，田崎先生曾在研讨会上分享了许多前所未闻的法文表达方式。我总会在会场不自觉地发出“哦哦！”的惊叹声，心里同时也会浮现 “那是什么啊？”“有机会我也要试试！”等强烈的想法。

在那些令我大为震惊的表达方式中，印象最深刻的是“猫尿”与“黑加仑花蕾”这两个用来形容长相思特有香气的词。

用猫尿来比喻饮料是否妥当？这点固然令我感到疑惑，但想

到法国人都会用“马粪”“狗屎”来为奶酪或菜肴命名，想必这应该也是他们独特的表达方式吧。不过，我从未养过猫，也不常跟猫咪亲近，“到底要怎样才能懂得什么是猫尿的味道呢？”——记得当时的自己就像走丢在了迷宫里一样。其实换个好听的说法，“猫尿味”就是“麝香的味道”。

至于“黑加仑花蕾”这个比喻方式，我第一次听到时确实大吃一惊。如果是“黑加仑”的味道的话，还在我“大概可以明白”的范围内，不过田崎先生说的可是“黑加仑花蕾”。没有亲自栽种黑加仑的人，很少有机会可以闻到花蕾的味道。不过，第一次亲自使用“黑加仑花蕾”这个词之后，我确实沉浸在了自我满足的世界里。

我不是很喜欢药草、草坪的味道，这些确实是熟成不足所产生的香气，可以算是葡萄酒的缺点。为了区别“完美熟成与尚未熟成的气味”这些气味层级，才诞生了上述种种表达方式。也就是说，若用词汇来区分熟成等级的话，我们能得到这样的气味层级：“药草→草坪→猫尿→黑加仑花蕾”。

那黑加仑花蕾究竟是什么样的香味呢？我觉得味道相当接近“基尔”这款鸡尾酒，像是用清爽的白葡萄酒稀释黑加仑利口酒后的香气。一般可以在卢瓦尔，特别是桑塞尔产区出产的葡萄酒里闻到这股香气，但智利生产的红葡萄酒“赤霞珠”有时也会带有同样的香气。由此可知，黑加仑花蕾是长相思特有的香气，且经过适当熟成的长相思不太会带有这种味道。

葡萄栽培、熟成、酿造等技术的不同，以及随着科学的进步、发展，葡萄酒香气的表达方式也会逐渐改变。

来杯葡萄酒休息一下

3 白葡萄酒的酿造技术

Technology of white wine

随着长相思的技术革新，白葡萄酒的酿造技术也有了显著的发展，最大的幕后功臣是波尔多大学的丹尼斯·杜博迪(Denis Dubourdieu)教授，他不仅是现代酿造学的权威，同时也是佛罗里达酒庄（Clos Floridene）与瑞隆酒庄（Château Reynon）两座酒庄的负责人，还担任波尔多等地多家酒庄的葡萄酒顾问，是位多才多艺的人物。接下来，我将介绍白葡萄酒的三种酿造技术。

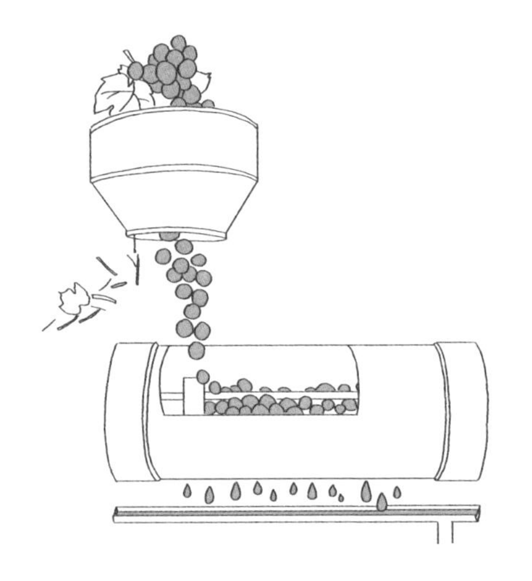

◎浸皮

酿造白葡萄酒时，通常会将刚采摘的葡萄马上榨汁，只取果汁进行发酵。

浸皮（Skin Contact）指的是将葡萄轻轻压碎后，放置半天到一天的酿造方法。果皮的内侧含有丰富的香味成分，故能通过浸渍的方式加强果香。在浸皮的过程中，葡萄多多少少会染上一些颜色，影响葡萄酒的色泽，酒体所呈现的黄色就会变深。

如果色泽不是偏绿，而是偏黄的长相思葡萄酒，很有可能是以浸皮的方式酿制而成的。这道浸皮技术能提升果香的存在感，让果实原有的味道盖过青草味。

◎木桶酿造

将葡萄酒放入木桶中熟成（将发酵结束的酒装进木桶里），是勃艮第地区自古流传至今的制酒技术。但是，用木桶“酿造”，其实是将酒精发酵的过程放到了木桶里，这是非常新的想法，更别说原料还是长相思葡萄了。

用木桶酿造葡萄酒时，液体内的酵母会在发酵的过程中不断流动，而这些酵母会吸取木桶里单宁[①]的香味成分作为养分，让葡萄酒能够自然而然地与木桶的风味融合，对本身就香气逼人的长相思而言，采用木桶酿造可以得到不错的效果。

将酿好的葡萄酒倒入木桶里（熟成）的方法，是让酒保持在静置的状态；利用木桶进行酒精发酵的方法，则是让酒保持在活动（循环）的状态。

也就是说，“木桶熟成”就像在制作香水一样，于已经酿制完成的酒里另外添加香气。而“木桶酿造”则是在酿酒的过程中添加香气，使香气成为葡萄酒本身的一部分，避免气味太过突兀。

木桶酿制而成的葡萄酒，给人的第一印象大多是清爽又纯净，后味带有香草、饼干、苏格兰威士忌般的芳香，相当具有魅力！

---

① 一种天然的酚类物质。

◎搅拌酵母渣滓

在木桶酿造结束之后，便直接进入熟成阶段。当然，此时木桶里沉积了不少渣滓（酵母菌的残骸或结晶成分）。

在葡萄酒发酵的过程中，酵母菌会吸取香气成分及氨基酸作为养分，结晶的酵母渣滓就是葡萄酒的酒渣。想让葡萄酒与这些酵母渣滓混合，必须进行“搅拌酵母渣滓”的工序，于熟成过程中用长棒（棍棒）定时搅拌葡萄酒与酵母渣滓。

“搅拌酵母渣滓”能让酒体加倍厚实、丰盈。

世界各地的长相思

长相思的主要产区是法国的波尔多、卢瓦尔河谷（都兰产区、中央区），夏布利产的“圣比利”白葡萄酒也是用长相思酿制而成。在朗格多克地区，长相思是用来酿 VDP[1] 等级的葡萄。除此之外，长相思在欧洲其他国家也都十分受欢迎。

新西兰的马尔堡区出产的长相思带有明显的“黑加仑花蕾”香气，熟成度相当高。澳大利亚的维多利亚州与南澳地区的长相思，口感如鲜花般舒适宜人。美国加州的长相思虽然有药草香类型与花香类型，但由优秀酿酒师酿制的酒款仍然备受好评。

① 全称“Vin de Pays”，译作地区餐酒。欧盟各国通用的法定葡萄酒分类，以地区名称表示，故称地区餐酒。原名为 IGP，自 2008 年起改称 VDP。

能品尝到长相思风味的 10 支酒

- 波尔多（法国）——Reynon
- 贝萨克雷奥良（法国）——Couhins Lurton
- 都兰（法国）——Henri Maire
- 桑塞尔（法国）——Alphonse Mellot
- 普依芙美（法国）——De Ladoucette
- 弗留利（意大利）——Jermann
- 马尔堡（新西兰）——Cloudy Bay
- 阿德莱德山（澳大利亚）——Shaw & Smith
- 索诺马（美国）——Rochioli
- 阿空加瓜（智利）——Montes

长相思的侍酒法——活用芳香气味的饮用方法

虽然新鲜酒款与木桶酿造酒款多少有些差异，但我想让客人最先品尝到果实香与鲜花般的香气，所以侍酒时，我会跟雷司令一样事先降温。

长相思的最佳状态是香气先飘逸出来之后，木桶与麝香的味道再慢慢扩散出来。如果一开始就闻到木桶味或麝香味的话，有些人恐怕会接受不了。此外，我喜欢使用小一点的酒杯来盛长相思。

以长相思侍酒时，基本上不必将之倒入醒酒壶内（让酒与空气接触）。最近有些酿酒师会宣扬醒酒壶的必要性，我当然也尊重他们的想法。但是酿酒师就好比是葡萄酒的父母，理所当然会想帮自己的孩子争取更高的评价。因此，在尊重他们的同时，我也会冷静地判断，即会发现其实大多数人并不会把长相思倒入醒酒壶里，因为芬芳的香气才是长相思的特色。

说到长相思与菜肴的搭配，由于长相思个性鲜明，乍看之下似乎很难与什么菜搭配，所以一般人总会担心长相思与菜肴的香气是否会互相排斥。不过，可与长相思相搭的菜肴相当广泛，除了法式菜之外，中国菜、日本菜、其他亚洲国家的菜肴、BBQ等，配上长相思都出乎意料地美味。使用大量的药草、辛香料制成的菜肴，拥有不亚于葡萄酒的芳香，也很适合搭配长相思品尝！许多人在选择搭配菜肴的葡萄酒时，除了想到“长相思”这种酒款，更会深入考量要搭配“哪个产区的长相思”。

Souvignon Blanc

专业度越高越迷惘的盲测

所谓“盲测”就是在不知道品牌的状态下品酒，这也是侍酒师大赛必定会出现的测验之一。

电视上经常会播侍酒师接受盲测，并一一猜中酒名的模样，所以大多数人都以为“专家就算盲测也会猜中”，再加上葡萄酒学校的学生多半偏好盲测，因此一般人普遍都会认为 “猜得中＝品酒能力强”。

然而，盲测其实没有那么难。不管是在一般的品酒还是盲测大会，能猜中酒名的人大多都拥有预备知识或事先已得到了相关信息，知道“上场的都是法国产的酒”，或是能推测出“按照前后的顺序推断，接下来上场的应该是这些酒吧”，以这些方式推断出葡萄酒的品牌。

观看过侍酒师大赛的人，应该都曾对这样的光景感到震惊不已——已经挤进决赛、实力很强的侍酒师，居然完全猜不中酒的品牌！因为在侍酒师大赛上登场的酒来自全世界，侍酒师的预备知识完全发挥不了作用，也不可能事先得到任何相关信息。因此，就算尝到的是自己熟悉的品牌，侍酒师也有可能会迷惘不已。

甚至来说，经验越丰富的侍酒师，越容易深陷迷惘。

举个例子，桌上放着个性鲜明的长相思葡萄酒。

“这是长相思，哦不，等等，有些维欧尼也会带着这种味道，西班牙的弗德乔也有这种香味！还有葡萄牙的依克加多……”经验丰富的侍酒师容易像这样过度深究，把问题想得越复杂，就越偏离正确答案。

那是 1996 年我参加法国食品振兴协会主办的侍酒师大赛时所发生的事。我当时 26 岁，还处于初出茅庐的阶段，虽然我很幸运地挤进决赛，但放眼望去，参赛者尽是知名餐厅的侍酒师。

盲测时桌上摆了一款白葡萄酒与一款红葡萄酒。尝了白葡萄酒后，我毫不犹豫地回答："长相思，桑塞尔。"说是这么说，其实是因为这是我唯一想得出的答案。

结束之后，即能观摩其他参赛者的盲测状况。结果我发现，那些优秀的前辈们居然逐一说出"卢瓦尔的密斯卡岱""阿尔萨斯的蜜思嘉"等等，这些都是我想都没想过的答案。

"啊，对！可能真的是那款酒。""那个人说是蜜思嘉……好像也对！"我对前辈们钦佩不已，同时也感到相当沮丧。

然而，结果公布出来之后，正确答案竟然是"桑塞尔"。也就是说，我居然在初次参加的侍酒师大赛中，猜中了酒款！评审还对我说："你完全没有犹豫，自信满满地回答了呢！"

"搞不好我很有慧根呢！"不料，在接下来参加的数场侍酒师大赛中，我就几乎没再答对过了……人们所说的"新手的运气"大概就是指这种情况吧！

专栏 ③

选择酒杯的方法

在所有品尝葡萄酒所需的器具中，酒杯最为重要。

酒杯的品牌有巴卡拉、圣路易、莱俪等精品品牌，Riedel、Lobmeyr、Spiegelau、Zwiesel等追求功能性的品牌，以及菅原、木村等日本品牌。酒杯不仅品牌众多，形状也相当多样化，各品牌都致力于研究将葡萄酒的香气和口感提升到极致的方法。能用如此洗练的容器盛装的饮料，也只有葡萄酒了吧！

关于酒杯的大小，理论上是以香气的丰盈程度为选择标准，所以“越昂贵的葡萄酒就用越大的酒杯盛装”，这种做法不见得是错误的。

但是，并非香气浓烈才算是有价值的葡萄酒，以更为致密、复杂的方法熟成的葡萄酒，或是平衡感佳、散发着优雅气息的葡萄酒，抑或能于适当状态之下散发香气的葡萄酒，都适合盛装于偏小的酒杯里。因此，就算盛在小型酒杯里头，也不代表此葡萄酒的价值就低。

此外，流行趋势也是选酒杯的因素之一。美国人偏好大酒杯，随着加州葡萄酒的流行，大酒杯也曾风靡一时（20世纪90年代）。

考虑到餐桌摆设的平衡感与便利性，欧洲的餐厅倾向不使用过大的酒杯，毕竟大酒杯的缺点是“容易损坏（需小心拿取、不易收纳）”。

我个人偏爱小酒杯（当然我会先考虑酒款），所以我几乎不使用大酒杯。“没有再大一点的酒杯吗？”曾有客人这样问过我。当然，这时候我就会爽快地奉上大酒杯！

避免选用大酒杯的原因不光是考量餐桌摆设与库存情况，比起葡萄酒的强度，近年来人们更追求其平衡感、洗练感及顺口程度，不适合用大酒杯盛装的酒款也变得随处可见。

选择大酒杯的目的不外乎是要凸显出葡萄酒的强大。一般会觉得酒体丰盈的葡萄酒最适合用大酒杯盛装，但我认为比起强调葡萄酒的外观，选择合适的酒杯更为重要。当然，在某些场合的确需要凸显出酒体的强大感，在这种情况之下，与其说是要提升葡萄酒的魄力，倒不如说是为了提高客人的兴致。

那么，这些形状多样的酒杯，究竟有什么含意，使用上要如何区别呢？

酒杯的形状可分为时髦的“郁金香型”和如球般膨胀的“气球型”。

首先要留意的重点是：葡萄酒注入杯中后的表面积。所谓的表面积就是与空气的接触面，接触面的大小会大大影响到葡萄酒香气的扩散方式。

酒杯制造商十分讲究酒杯的形状，常会为不同的葡萄酒量身打造出“波尔多款”“勃艮第款”等酒杯。这些酒杯确实各有千秋，但我认为“酒杯的形状需与酒体契合”才是最重要的考量点。

当我们形容葡萄酒入口后的风味时，通常会用“酒体”一词来表达其质量与口感的平衡程度。“酒体”就如同葡萄酒的体型。入口后感到酒体滑顺如直线的葡萄酒，适合盛装于郁金香型酒杯；酒体圆润丰满的葡萄酒，适合盛装于气球型酒杯。

举例来说，法国波尔多出产的红葡萄酒，酒体的口感平衡，适合用郁金香型酒杯盛装，而勃艮第出产的红葡萄酒，酒体丰厚，适合用气球型酒杯盛装。不过，就算是波尔多红葡萄酒，不同的区域、酿酒师、年份产的酒，也有可能会带有厚实丰润的口感，此时则用气球型酒杯较为合适。

除此之外，也可以根据个人喜好选择酒杯。偏好软顺口感、舒适入喉感的人，可改用郁金香型酒杯来品尝勃艮第，这样能使口感更显滑顺。

酒杯只不过是个用来享受葡萄酒的工具。比起执着于“一定要这么做才行”的规范，更应该考虑的是“自己想怎么享受”“自己的喜好为何”。

拥有自己历史的葡萄酒酒杯，再加上匠人们的创意与讲究的技法，使葡萄酒升华成更加精湛的饮品。只要深入探究，便能发现葡萄酒杯的深奥之处。

4

白诗南
Chenin Blanc

浓密

从气泡酒到贵腐酒都能酿造的全能选手

别名

Pineau de la Loire、Steen

原产地

法国卢瓦尔河流域的安茹地区，起源可追溯至公元 845 年。自都兰、舍农索城堡等郊外地区开始种植以后，栽种范围才逐渐扩大。

在白诗南传播至全世界各地的过程中，也曾有过一些误解。比如，自古就栽培 Steen 的南非，其实是在近几年才发现 Steen 就是白诗南。

此外，在澳大利亚的榭密雍，以及西班牙、智利、阿根廷等地，都曾把白诗南称作白皮诺。

主要栽种区域

法国（卢瓦尔河、朗格多克）、南非、美国加州、阿根廷、智利、墨西哥、巴西、乌拉圭、澳大利亚、新西兰

特征

穗中等大，果实也中等大，集中度高。

果皮薄，成熟时间长，属于晚熟型葡萄。

白诗南——无与伦比的浓密个性

如果说最具代表性的香味型葡萄是长相思的话，那么其最大竞争对手就是白诗南了。当然，世界上还有许多其他个性丰富的香味型葡萄，像阿尔萨斯的格乌兹塔明那、隆河谷与法国南部的维欧尼、意大利的维蒙蒂诺等，几乎不胜枚举。

虽然如此，为何我会挑选“白诗南”这个品种介绍给大家呢？因为白诗南拥有独特的“浓密”个性。即便是同为香味型葡萄的雷司令、长相思与维欧尼，也都没有这般浓密的味道。

白诗南那特殊又浓密的香味，就如同“花梨果酱”的味道。犹记得初次闻到这种浓密的香气时，我曾困扰不已：“该怎么形容这种味道才好呢？”

花梨是常见的润喉糖原料之一，应该不难联想到其风味，但我觉得白诗南的气味更像是花梨拌着黄桃、油桃蜜饯与花蜜的香气。真的是非常浓密的香气呢！

不过，除了卢瓦尔河流域出产的白诗南以外，其实少有带着明显“花梨果酱”香气的白诗南。尽管白诗南的产区遍及世界各地，但果然只有在卢瓦尔河地区才能发挥其真正的价值。

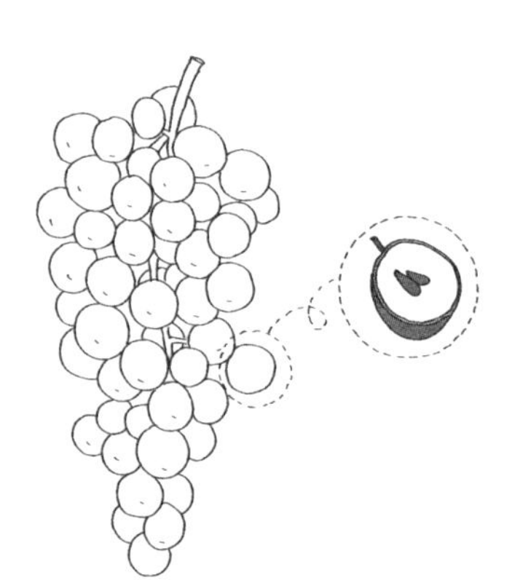

变化多端的白诗南

白诗南另一项明显的特征为：能够全方位地酿造出各式各样的葡萄酒，而且所有葡萄酒的品质皆属一流。

卢瓦尔河中游的安茹地区、都

兰地区皆能酿制出绝佳的甜型葡萄酒和贵腐葡萄酒。安茹地区的邦尼舒（Bonnezeaux）、Quarts de Chaume 酒庄所产的葡萄酒，甚至可以说超越了波尔多地区苏玳[①]一带最佳酒庄（酒厂）的葡萄酒。

安茹地区的降雨量少，温度也偏低，不过此处的日照相当充足，再加上卢瓦尔河与其支流弥漫的晨雾，使贵腐菌得以顺利繁殖。比起苏玳地区，安茹地区的贵腐葡萄产量更为稳定。至于位于都兰地区的武弗雷，此处生产的葡萄酒因受文豪“巴尔扎克”的喜爱而闻名于世。

一般会将用来酿制贵腐葡萄酒的过熟葡萄（延后采收时间，提升糖度的葡萄）分成甜型（doux）及微甜型（demi-sec），因此，卢瓦尔河地区出产的葡萄酒，酒标上都会标注“doux”（甜型）或“demi-sec”（微甜型）。

特别值得一提的辣型白诗南葡萄酒，是被誉为法国五大白葡萄酒之一的“赛宏河坡酒庄莎弗尼耶白葡萄酒”。这款酒充斥着花梨果酱浓密的香气，以及深邃的矿物感，还会在熟成的过程中逐渐散发出杏桃、蜂蜜等更为浓密、厚实的风味。

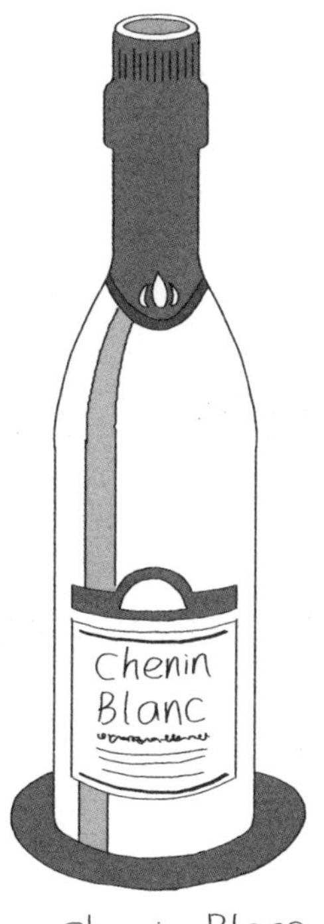

Chenin Blanc

① 位于法国波尔多、加隆河沿岸的区域，是贵腐葡萄酒产地的代名词，此地出产的贵腐酒品质出众，有 Château d'Yquem、Château Climens 等酒庄。

武弗雷也是如此，但武弗雷拥有相当高的陈年潜力，就算熟成了一段极长的时间，甚至是经过了20年、30年，仍能让人品尝到其尚显年轻的风味。

但遗憾的是，目前流通于市的武弗雷多半相当年轻，几乎没机会遇到经过长时间熟成的武弗雷葡萄酒。

位于安茹与都兰中间的索米尔地区，出产气泡葡萄酒。此处生产的气泡葡萄酒兼具香气与清爽口感，平衡感绝佳是其特征。

来杯葡萄酒休息一下

4 贵腐葡萄酒

Noble rot wine

利用感染到名为灰葡萄孢菌（Botrytis Cinerea）的霉菌（俗称贵腐菌），并在适当条件下繁殖的葡萄（贵腐葡萄）酿造而成的葡萄酒，就是所谓的“贵腐葡萄酒”。贵腐葡萄酒是一种口感特甜的葡萄酒。

贵腐菌是一种病原菌，会在葡萄成熟前繁殖，但若繁殖过程中下雨或太过潮湿，葡萄将会顿时感染“灰霉病”。一旦染上灰霉病，葡萄就无法收成了。不仅如此，灰霉病还会传染给周围的葡萄，若染病的果实不小心掉到田里，甚至有可能会污染土壤。

想要栽培贵腐葡萄，就必须承担这些随之而来的风险。

在葡萄成熟之时、早上笼罩雾气、下午大晴天，只要满足这些条件，贵腐菌就会开始附着于葡萄上了。话虽如此，贵腐菌并不会平均分布，每棵葡萄树、每个果穗、每颗果实的感染方式都会有所不同。

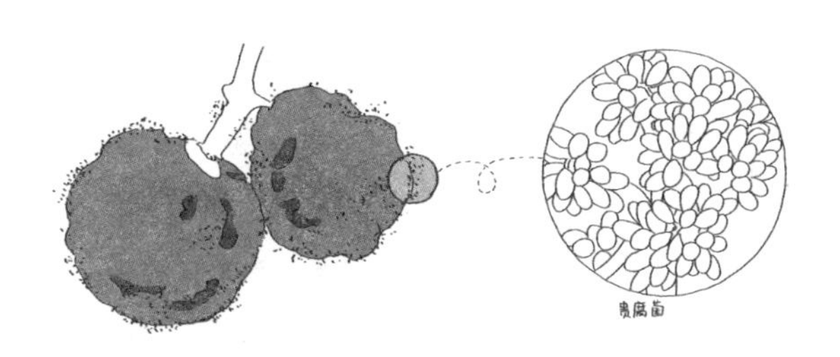

为了将附着贵腐菌的葡萄于最佳状态之下采收，往往需要在同一块葡萄田里不断来回走动，挑选正值最佳收获状态的葡萄，一次又一次地收成，工程极为浩大。而且，此时若不幸下起雨来，田里的葡萄将会全数感染灰霉病，就等于前功尽弃了。

像这样费尽千辛万苦才得以收成的贵腐葡萄，凝聚了糖分与葡萄成分。将之酿造成葡萄酒后，会带有蜂蜜般特殊的香气。

一般人把贵腐葡萄酒视为“甜点葡萄酒”，也就是能搭配甜点享用的葡萄酒。最优质的贵腐葡萄酒，拥有任何甜点师傅都无法打造出的优美甘甜风味。

那么，贵腐葡萄酒究竟是如何问世的呢？其实是在“误打误撞”之下诞生的。

1650 年左右，匈牙利的托考伊地区遭受奥斯曼土耳其帝国的侵略，影响到葡萄的收获期，导致该地区的葡萄过于成熟。此时恰逢雾气弥漫的季节，收获后的葡萄全都像风干葡萄般，果粒

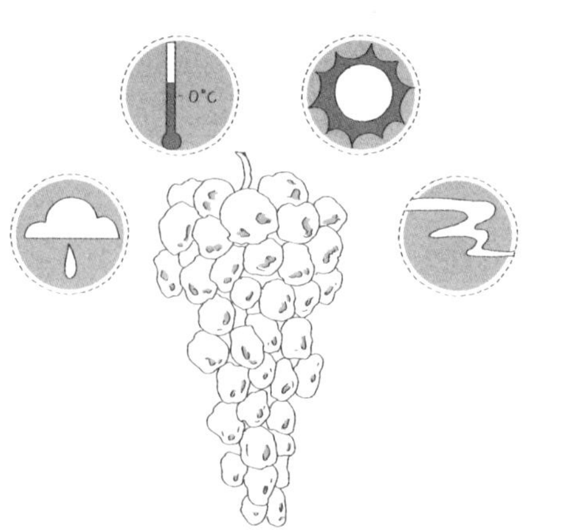

发霉又皱缩。据说用这些葡萄酿成的葡萄酒，就是世界上最早的贵腐葡萄酒。

在那之后，德国、法国等地也都陆续出现贵腐葡萄酒的踪迹，但无论是哪个地区的贵腐葡萄酒，都是因为某些因素导致葡萄收获延迟，造成贵腐菌繁殖，又刚好处在适宜的气候条件下，才得以诞生于世。贵腐葡萄酒简直就是“误打误撞之下的产物”呢！

贵腐葡萄酒在问世没多久后便佳评如潮，历史上也留有数段关于贵腐葡萄酒的逸闻，比如贡献给法国国王路易十四的托考伊贵腐葡萄酒，就曾被路易十四誉为“王者之酒，酒中之王”。此外，在 1779 年，奥地利的玛丽娅・特蕾莎女王（玛丽・安东尼特王后之母）曾怀疑闪烁着金黄色的贵腐酒可能含有黄金，还请维也纳大学分析贵腐酒的成分。

而在 1975 年，日本的三得利公司首次于日本成功收获贵腐葡萄，成了当时的大新闻。

世界各地的白诗南

如前所述，白诗南需在卢瓦尔河地区才有办法发挥其精髓。尽管白诗南的产区分布于世界各地，但唯独卢瓦尔河流域出产的白诗南出类拔萃。另外，南非人称白诗南为“Steen”，我们能在南非找到相当优秀的“Steen”。

能品尝到白诗南风味的 10 支酒

- ●赛宏河坡莎弗尼耶（法国）——Nicolas Joly
- ●僧侣岩莎弗尼耶（法国）——Aux Moines
- ●休姆卡德（法国）——Baumard
- ●邦尼舒（法国）——Château de Fère
- ●希农（法国）——Couly Dutheil
- ●武弗雷（法国）——Huet
- ●卢瓦尔气泡（法国）——Langlois Chateau
- ●卢瓦尔气泡（法国）——Gratien & Meyer
- ●索米尔（法国）——Roches Neuves
- ●帕尔（南非）——Brahms

白诗南的侍酒法——微妙的温度设定与接触空气

白诗南的个性是浓密的香气。以长相思或雷司令侍酒时，必须先将酒“冰镇”，但若换成白诗南的话，可就不能如法炮制了。大部分的白诗南都拥有浓密的个性，若将酒温降到太低，香气就无法华丽地扩散开来。

不仅如此，白诗南几乎都带有多彩缤纷的甜味（就算不是甜款），酒体也具有一定的丰腴程度，这种类型的酒如果过度冰镇的话，会给人酒体偏瘦的印象，苦涩感也会较为强烈。虽然侍酒时需按照白诗南的类型调整酒温，但普遍会将温度基准稍微调高，定在12 ~ 14℃这个微妙的温度区间。

此外，大部分的白诗南都处于香气封闭的状态，因此，让白诗南接触空气也是相当重要的侍酒关键。我想让品酒者尝到花梨果酱与蜂蜜的香气，所以会选用表面积宽广的酒杯盛装，或是先将白诗南倒入醒酒壶中。

前面曾提到的“莎弗尼耶”这款酒，是法国五大白葡萄酒之一。以酿造莎弗尼耶闻名的Nicolas Joly 会在自己的酒箱里放入写有“于前一天倒入醒酒壶”的字条。这个举动其实不算夸张，因为就算提前一天就将莎弗尼耶换到醒酒壶里，饮用的时候不但不会出现氧化的情形，有时候香气甚至还没完全散发出来呢！虽然上述的例子有点极端，但我们确实需要花一段时间，才能让白诗南的香气完全释放出来。

白诗南能与各式各样的菜肴搭配组合，不管是添加奶油的菜肴、混合鲜奶油的菜肴、贝类菜肴，还是肉质柔顺的肉类，都能跟白诗南产生共鸣。此外，无论是白肉鱼还是红肉鱼，都与白诗南的协调度绝佳。虽然白诗南多搭配淡水鱼，但也很适合配三文鱼一同品尝。白诗南跟所有菌菇类都是天作之合，是款相当百搭的葡萄酒。

只要将白诗南调整到最恰当的温度、与空气适当接触，就能让人尽情享受到品酒的乐趣。

了解“风土”才算是了解葡萄酒

风土（Terroir）——喜爱葡萄酒到一定的程度，并深入探讨后，绝对会看到这个法文单字。不光是法国人，世界各地的酿酒师都极爱提及风土，侍酒师与专家也都倾向使用风土一词。一般人通常认为风土就是“该土地的特征”，但我觉得这样的解释仍不尽完善。

为什么我会这么说呢？举个例子来说，白诗南最典型的香气是“花梨果酱”的味道。品尝卢瓦尔河流域出产的武弗雷葡萄酒后，若能闻到花梨果酱的香气，人们会评论“这瓶酒展现出了风土的个性”。品尝夏布利以后，若能闻到“砾石”的味道，人们也会评断“这是风土的气味”。所谓“风土的气味”应该是只有在当地才能感受到的味道，但是，不只是在这两个地区，其他产区也有带着果酱或砾石味道的葡萄酒啊！

在访问卢瓦尔河流域安茹地区的酒庄时，我曾听到过这么一段话：“这里真的很舒适宜人。春天阳光充足，夏天不会太过炎热，冬天也不会冷到冻僵。空气干爽，连吹来的风都很舒服。景色也相当迷人，还有不少带着历史色彩的城堡和建筑物，这一切的一切都是如此祥和恬静。此地生产的葡萄酒没有针刺般的锐利酸味，而是有着圆润、不腻的柔和甜味。对了对了，这个地方的女性也都既温和又体贴。”

讲述此段话的人用了“doux”（表示甜款葡萄酒）这个法文字词来形容这里的一切都很“温和”。听了这段话之后，弥漫在我眼前的迷雾也跟着散去了一些。

于是，我整理出了这样的解释：气候、地势、土壤的个性等，皆为无法直接以物理、理论归类的因素。当地的历史、文化、经济、居民、祭祀、食材和菜肴等，无论是有形还是无形的东西，全都是构成葡萄酒的要素，将这些要素综合起来，即能感受到所谓的“风土”。

也就是说，从未在这片土地上生活过的人，如果讲出“这就是安茹地区的风土个性”的话就太过轻率了，反而会给人不懂装懂的感觉。

当然，身为侍酒师的我们理应竭力了解产区的风土，因为在考虑菜肴与葡萄酒的协调度时，不能光聚焦在色、香、味的契合程度上，而是必须先了解产区的风土之后，才有办法找出葡萄酒与菜肴的“深奥妙趣”，而这也将成为餐厅的独特味道。

什么是葡萄酒的深奥妙趣呢？我认为葡萄酒的深奥妙趣就是在品尝葡萄酒时，脑海中会浮现出该产区的样貌，冒出想亲自去该产区走一趟的憧憬，让人想在当地一边品尝菜肴，一边品尝这款酒。

专栏 ④

葡萄酒产地的“正确”参观方式

参观葡萄园是一件非常美妙的事情，就算不是葡萄酒专家，也有许多人会抱着观光或学习的心态，前往葡萄园参观。葡萄酒产地具有极大的观光吸引力，比如说，美国加州纳帕谷的观光客人数几乎与好莱坞不相上下。

为了让难得的葡萄园参观之旅更具意义，我想在此分享一些心得。

首先是“一不小心就会犯的行为”：

●难得搭乘国际航班，所以在机内解决两餐，还喝酒喝得很满足。

●晚餐一定会找星级餐厅，试吃各式各样美味的面包。

●早餐就吃了美味的牛角面包或巧克力可颂。

●在当地长途移动时睡觉。

旅行的方式全凭个人喜好，我并非在否定上述行为，只是如果不小心犯了这些行为的话，可能就没办法充分享受葡萄酒之旅了。

接着我要跟各位介绍能在葡萄酒之旅中实践的旅行小技巧。

首先，预先调整好时差。出发前一天最好不要睡觉，等到飞机起飞后尽量长时间补觉，避免到了目的地之后仍处于疲累的状态。

在飞机内摄取最少限度的饮食即可，抵达目的地时尽量保持空腹的状态。现在的航空公司都会尽力提供更丰盛的飞机餐、更充分的机上服务，如果是搭乘头等舱或商务舱，几乎可以享受到不输给餐厅的服务，这也算是旅行的乐趣之一。

不过，由于我们这次是“葡萄酒之旅”，所以请避免接受机内服务。告诉自己只要在飞机上稍加忍耐，抵达目的地后的乐趣将会倍增。

抵达目的地之后，就算强迫自己，晚餐也一定要吃饱，这样当晚才能一夜好眠，隔天早上起床后也不太会有空腹感。

早餐请以一个面包与一杯咖啡为主，再加上水果或酸奶即可。享受早餐虽然也是旅行的乐趣之一，但控制早餐分量才能更快速地调整时差，而且早餐少吃一点，才吃得下午餐和晚餐。

终于要前往葡萄园了。

此时最重要的是欣赏车窗外沿途的风景，把一路上的湖光山色铭刻在记忆里。这是加深葡萄酒理解程度的第一步。

在不同的季节前往参观，旅客还有机会欣赏到油菜花田，或是开满杏花的山丘。沿途可见古老的教堂，以及放牧着羊群与牛群的广阔草地。试着向负责开车的当地人丢出连环炮般的问题吧！

“这里是哪里啊？”

“那是什么东西啊？”

也别忘了拍摄大量的照片。

就这样一路驶达葡萄园。

先在向导的带领下参观葡萄园。除了确认“葡萄的栽种方法”以外，记得放眼瞧瞧葡萄园周围的景象。环绕着松树或橄榄树，远方有片海洋，壮大的山壁就在眼前……可能还会看到园内点缀着零散的桃树或杏树，或是旁边有一座港口都市。

了解葡萄园周围的环境、该地的历史、习惯、思想、名产，就等于是深入了解当地的葡萄酒。

参观完酒庄之后，便转往当地人会造访的餐厅，品尝当地菜肴与刚才访问的酒庄所酿造的葡萄酒，亲身体验葡萄酒与菜肴共谱出的美好滋味。若不晓得哪家餐厅较佳的话，也可以请酒庄的工作人员帮忙介绍。

葡萄酒及菜肴都与当地的气候、风土、文化、习惯、饮食、居民息息相关，这些因素能为葡萄酒带来独特的个性。法式菜肴的基础建立在传统菜肴与地方菜肴之上（其他国家的菜肴几乎也都是如此），“与葡萄酒的协调度”同样也是法式菜肴的基础之一。能在当地体验地道的菜肴基础，是一件非常美妙的事情。

星级餐厅固然极具魅力，但请尽量挑一家品尝就好了。高级餐厅的菜肴多半经过精心设计，已经与传统菜肴大不相同，地方性也十分稀薄。

正是因为品尝的机会不多，才能凸显这类菜肴的奢侈感。若每餐都在高级餐厅解决的话，恐怕也会大幅降低用餐的乐趣。明明不是记者也非美食评论家，却边吃边抱怨：“这家三星餐厅不怎么好吃啊！”这绝对是最不解风情的菜肴品尝方式。

参观知名酒庄是非常有意义的，不过，如果在路程中沉沉睡去，只听了关于酿造方式的演讲、喝了葡萄酒的话，就跟留在国内没什么两样了。

即使上网查询，也无法身临其境地感受到旅途中的风景与葡萄园的景色。亲身体验当地独有的风情，才是旅行的乐趣所在。

（外传）

以前曾有酒庄的相关人士告诉过我，有几种参观者不太受酒庄欢迎：

● 只顾着拍照，完全不听别人讲话。
● 询问很多关于数字的问题。
● 品酒后完全不说感想。
● 跟其他酒庄做比较。

由此可见，“沟通”是相当重要的。酒庄的工作人员都是于百忙之中抽出宝贵的时间，迎接前来参观的访问者，我们应对此表示敬意，避免成为“不受欢迎的访客”。

5

甲州
Koshu

温和

富含多酚的日本原生白葡萄品种

甲州葡萄

原产地

不详。据说这个欧洲品种是于公元前 2 世纪传入中国，到了公元 7 ~ 8 世纪左右才传入日本。

有位名为雨宫勘解由的人于记录中写道：“人们于公元 1186 年发现并栽种珍稀的藤本植物。”并将此视为“甲州”葡萄的起源。

主要栽种区域

日本山梨县。

特征

穗大、颗粒大，带着粉红色泽，果皮偏硬。

果肉扎实，风味中性，属于晚熟型葡萄。

日本最具代表性的酿酒用葡萄品种——甲州

从全世界的葡萄栽种区域看来，甲州的栽种面积相当小。虽然我将甲州纳入本书五种酿造白葡萄酒的葡萄品种中，但跟霞多丽、雷司令比起来，甲州的栽种规模其实十分小。尽管如此，甲州是日本原产的葡萄，拥有独特的个性，所以我决定在此介绍甲州葡萄。

最适合用来酿制葡萄酒的葡萄，是学名叫作“Vitis Vinifera”（酿酒葡萄）的欧洲原生葡萄。日本原生的葡萄大多是亚洲或美国的品种，比起酿制成葡萄酒，这类葡萄更适合生食。这类葡萄跟酿酒葡萄最大的差异为：穗大、颗粒大、水分多，带有鲜明的葡萄香气，酸味偏淡，甜味或涩味较强烈。酿成葡萄酒后会散发出浓缩葡萄汁般的香气，风味也会更显狂野。属于此类葡萄的日本原有品种有康科特葡萄、德拉瓦尔葡萄等。

以这类葡萄精心酿制的葡萄酒不仅入喉感佳，口感也相当平易近人，算是颇有日本风味的葡萄酒，在日本也具有重大的存在意义。但是，综观国际葡萄酒市场看来，人们普遍的观念仍是“葡萄酒的原料＝欧洲原生葡萄”，因此，若想成为受到国际认可的葡萄酒生产国，葡萄酒原料就一定得使用酿酒葡萄才行。

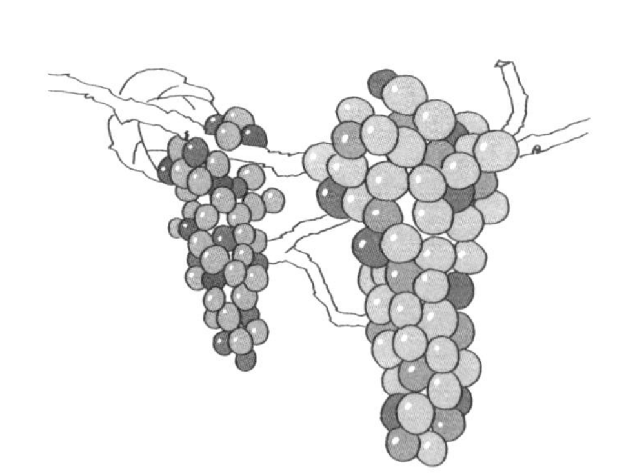

甲州不仅是日本独有的葡萄品种，也是酿酒葡萄的一种。自古就栽种于日本的山梨县，现在出产的甲州葡萄除了作为葡萄酒的原料之外，还可以用来生食。

日本的酿酒历史绝非短浅，据说早在 1870 年左右就开始酿造葡萄酒，有不少中小规模的酒庄也已经拥有 100 年以上的历史。最早传入日本的葡萄酒，是一款名为“珍陀酒”的葡萄牙甜葡萄酒。从此，甜葡萄酒成了日本的主流葡萄酒，也让甲州有很长一段时间都无法摆脱“山梨县土特产”的形象。再加上以往“日本生产的葡萄酒”大多都是进口葡萄酒的混合，或是用进口浓缩果汁调制的，日本人从未想过要自己进军国际市场。

自 20 世纪 80 年代开始，以欧洲葡萄酿酒的技术总算踏入正规化发展。当时日本从传统酿酒国招揽了许多知名的酿酒师与专家，参考专业意见，逐渐改良酿酒技术。到了 90 年代，日本的葡萄酒已经能在众多国际大赛中一一博得好评了。

在那波获奖风潮中，最常抱回奖项的酒款有霞多丽、赤霞珠、梅洛等用欧洲葡萄酿制的葡萄酒，但海外专家们众所瞩目的焦点，其实是甲州。

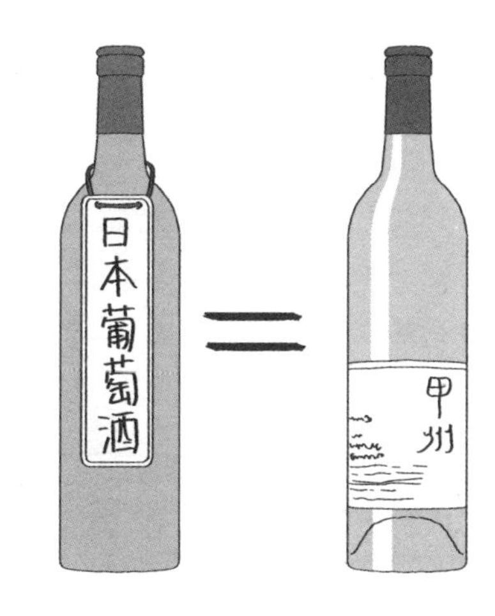

“用霞多丽跟卡本内酿制的葡萄酒都酿得很好呢！”尽管专家们嘴巴上这么说，但我相信他们最感兴趣的葡萄酒还是甲州。只要一有机会跟海外的侍酒师交流，我通常都会被问到关于甲州的问题，比如“甜款的甲州很特殊吗？”“需要搭棚栽种吗？”“是晚熟型葡萄吗？”“总觉得甲州应该跟密斯卡岱很合，真的很合吗？”等等，可见得大家都兴致勃勃呢！

在 2013 年 3 月举办的世界最佳侍酒师大赛的东京大会中，出场的侍酒师与随行来日本的专家们都相当热情地品尝了甲州葡萄酒。外国人常会抱着“日本葡萄酒＝甲州葡萄酒”的印象。山梨县虽然一度致力种植霞多丽、卡本内等国际葡萄品种，但最终又重新倾力栽培日本固有的甲州葡萄，让甲州葡萄酒得以再度蓬勃发展。

甲州的外皮呈红紫色，并非纯粹的白葡萄。欧洲也有红紫色的葡萄，例如阿尔萨斯的灰皮诺、格乌兹塔明那等。一般会说此类葡萄呈现“灰色”（Gris），也就是介于白与黑之间的颜色。

甲州的气味——受到全世界瞩目的稀有个性

虽然日本产的葡萄酒几乎都是如此，但甲州的气息特别内敛，很接近日本人的性情呢！甲州的颜色极为淡薄，香气给人中性的印象，没有特别突出的味觉要素，酒体也较为浓缩，光闻的话，实在很难感受到其魅力所在。

甲州虽然是白葡萄，却有着特殊的个性——含有丰富的酚类物质。所谓的酚类物质就是葡萄酒里的涩味成分，因此，前段写道“甲州没有特别突出的味觉要素”其实并不正确，事实上，甲州带着不同于一般白葡萄酒的独特个性。

那么，为什么日本人会想要压制这种个性呢？

答案果然还是得归咎于日本人的“性情”。不欢迎太过强烈的个性，总是试图压抑自己，把涩味转为苦味，这些都是日本人的性情特点。

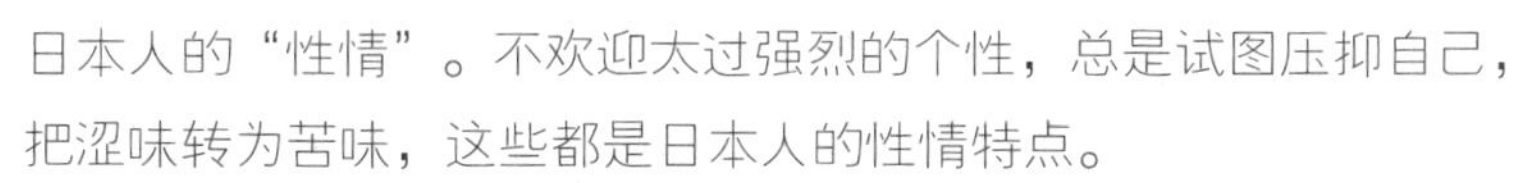

使用甲州酿制葡萄酒时，需要经过一道“氧化过度”[1]的工序，让发酵中的葡萄酒携带大量的氧气。由于葡萄酒中的酚类物质容易附着于氧气，两者结合后将形成沉淀物，故能除去甲州特有的

① Hyperoxidation，在酿制阶段提供氧气给葡萄汁与酒醪，使酚类成分氧化，借此去除酚类成分。此步骤能让酒质更为安定，冲淡品种特性，故能有效减弱甲州特有的香气。

酚类物质。发酵完成后，必须将葡萄酒置于酒槽中保持厌氧状态，再将之装瓶，以保持新鲜感。

用上述方式酿成的甲州白葡萄酒，会标示“Sur Lie”的字样，口感既舒畅又清爽，还带着与日本人性情相似的淡薄个性。

不过，当国际市场开始注意到甲州的存在后，酿酒师们对甲州的固有印象也开始改变了，葡萄多酚的个性也被体现在了葡萄酒上。酿酒师们逐渐改良甲州的味道，使甲州并非带有清爽的口感，而是保留其特有的涩味，为酒体增添醇郁风味，让人们能感受到甲州葡萄酒适宜的口感。

标示着“Gris”的甲州葡萄酒具有“丁香”般的酚类香气，以及由红紫色果皮所酿出的泛着些许红色的米色酒体。味道清爽的甲州虽然极具魅力，但我认为这类“Gris”甲州葡萄酒更适合推往国际市场，发挥其佐餐功能。

“甲州的个性不怎么强烈。”以前只要有海外的侍酒师向我询问关于甲州的问题，我都只能如此回答，因为当时的我尚未彻底了解甲州。但到了现在，我绝对可以这么回答他们：“甲州葡萄酒是以果皮颜色偏灰的葡萄品种酿成的，特征为具有丁香般的香气，酸味圆润，伴随着涩味的苦味能增添醇厚口感。”

在山梨县的酿酒师们的努力之下，甲州葡萄在 2010 年由国际组织（OIV）正式认可为酿酒用葡萄。如今，甲州葡萄酒成了拥有鲜明个性、值得让日本夸耀于世的葡萄酒。

来杯葡萄酒休息一下

5 酚类物质

Phenol

几年以前，“红葡萄酒有益于身体健康”这句话使红葡萄酒一跃成为全国瞩目的焦点。虽然法国人习惯摄取高热量食物，又经常烟不离手，但因动脉硬化等心血管疾病死亡的法国人却十分稀少，这种“法国矛盾”（French Paradox）现象的幕后英雄，正是红葡萄酒内所含的多酚。

多酚是花青素（红葡萄酒的色素）、类黄酮（白葡萄酒的色素）、儿茶素、单宁（涩味成分）等酚类物质重叠（聚合）后组成的成分。简单来说，就是葡萄酒的颜色及涩味成分。

研究结果证明，多酚能够抑制胆固醇、中性脂肪等会引起动脉硬化等心血管疾病的因素。动脉硬化主要是因体内的坏胆固醇（LDL）氧化所引起的，而多酚具有容易与氧气结合的特性，故能抑制坏胆固醇氧化。

对消费者而言，光是“有益健康的酒”这句话就足以令人心动，从而掀起了一股“红葡萄酒热潮”。在那之后，有研究结果显示，属于多酚之一的“白藜芦醇”能够改善高血压、乳癌、肺癌及大脑功能，不过这项结果并非酿酒师们关注的重点。

过去会用“葡萄开花后百日”作为葡萄成熟期的标准，后来发展到用测算糖度的方式判断成熟度，到了近年，酿酒师们更重视“酚类物质的成熟度”。酚类物质的成熟度不仅与涩味息息相关，

还会连带影响到香味，酿酒师们也因此将之视为重要的判断标准。

事实上，测算酚类物质的成熟度与香味的形成状态，其实是件相当困难的事情。酿酒师们必须携带分析数值，在葡萄园里来回奔走。由于酚类物质富含于葡萄的果皮和种子内，所以酿酒师们必须实际试吃葡萄，咀嚼果皮和籽，才能确认酚类物质的成熟状态。只要将葡萄放入口中咀嚼，就能感受到葡萄的涩味与香气，也就是酚类物质的味道。酿酒师们必须凭感觉记住葡萄的味道，评估酚类物质的成熟程度。

葡萄成熟过程的第一步是果粒变大、糖分提高，接着再是酚类物质成熟、生成芳香成分。随着葡萄一步步成熟，酚类物质的成熟度也会越来越高。人们甚至会用“连葡萄籽都熟了”来形容熟透的葡萄。

用酚类物质完全成熟的葡萄所酿成的葡萄酒，拥有多层次的芳香成分，口感致密、复杂，即使伴随着涩味和醇郁苦味，其口感也是让人无比舒适的。

世界各地的甲州葡萄酒

甲州葡萄酒包括清新爽快的 Sur Lie 款、经木桶熟成的现代款、拥有独特醇郁苦味（酚类物质）的 Gris 款、传统的甜款等。

甲州葡萄酒的产地集中在日本的山梨县。近年来德国的莱因高地区也开始使用甲州酿酒，掀起一波新的话题。

能品尝到甲州风味的 10 支酒

- 山梨县（日本）甲州——MANNS WINES
- 山梨县（日本）甲州——胜沼酿造
- 山梨县（日本）甲州——GRACE WINE
- 山梨县（日本）甲州——三得利
- 山梨县（日本）甲州——Château Lumiere
- 山梨县（日本）甲州——钻石酒造
- 山梨县（日本）甲州——原茂园
- 山梨县（日本）甲州——MARS 葡萄酒酒庄（本坊酒造）
- 山梨县（日本）甲州——Mercian
- 山梨县（日本）甲州——Rubaiyat

甲州的侍酒法——小心不要过度冰镇

甲州跟其他葡萄酒一样，必须根据它的风格来改变侍酒法。甲州的特征是柔和（少量）的酸味与酚类物质带来的苦涩口感。甲州的口感轻柔，容易给人适合低温的印象，但我们得注意不能降温过度，最低酒温应以8℃为限，最理想的温度为10～12℃。

温度低于8℃的甲州，口感会变得太过清爽，造成酸味以外的味道难以出头。甲州原本就没什么酸味，若再冰镇过度的话，整体的风味将会趋于平淡。若是口感苦涩的甲州，其风味则会变得更加锐利。虽说“轻柔白葡萄酒＝必须好好冰镇”，但甲州葡萄酒并不适用这个道理。

至于佐餐方面，甲州跟所有的日本料理都很契合，特别是用土当归、竹笋、鸟尾蛤等贝类、裙带菜制成的醋物，以及炖茄子等会“浮出浮沫”的食材制成的菜肴。甲州跟盐烤的鲶鱼、岩鱼等淡水鱼也非常相搭。甲州葡萄酒的特点果然是苦味啊！

就算是木桶熟成的甲州，也不用盛装于大酒杯。最好能让人直接感受到甲州温和的风味，不必特地强调其香气。虽然我不像千利休[①]追求陋外慧中之美，但我认为小巧的器皿才足以凸显出日式风情。

---

① 日本茶道的“鼻祖”和集大成者，其“和、敬、清、寂”的茶道思想对日本茶道发展的影响极其深远。

酿酒10年只有10次成果

彻底了解葡萄酒，其实是一件相当困难的事。若有人自诩“我已经完全掌握葡萄酒了”，我们甚至可以判断“这种人还不够了解葡萄酒”。葡萄酒就是如此难以捉摸的饮品。葡萄的成熟、年份、发酵、熟成、风土……都太过复杂，无法通过特定的方程式来解答。

为了搞明白与葡萄酒有关的疑惑，只要一有机会我就会跟酿酒师聊天。我往往会抛出各种问题，酿酒师们也都会巨细无遗地回答我。亲赴葡萄酒产地、与酿酒师交流、品尝葡萄酒，我认为重复这些动作才是深入了解葡萄酒的最佳方法。

这是我与勃艮第某座知名酒庄的酿酒师聊天时发生的事。这位酿酒师的言谈既干脆又有逻辑性，给人酿造学者的印象，所以我向他咨询了许多问题。尽管我暗自心想：“他的回答应该能为我揭开这些问题的神秘面纱吧！”但是，他给我的回答几乎都是“这要视当时的情况而定”。搞到最后，几乎所有问题都仍旧谜团重重，让我不禁感叹：“也有不好相处的酿酒师呢。”

不过，在那之后又发生了一件事。我跟法国的一位葡萄酒代理商聊天。我知道这位代理商十分重视与酿酒师之间的交流以及信任关系，他的言谈之中总是充满了对葡萄酒的爱。

“石田先生，你打过棒球吗？只练10次传接球的话，你觉得有办法提高球技吗？”

答案当然是否定的，就算是没打过棒球的人应该也知道答案吧。接着他又说，“那如果是打了10年的棒球那就不一样了吧！已经成老手了呢！”

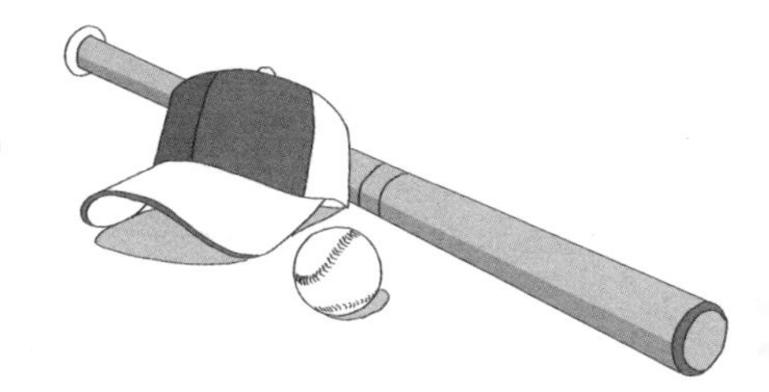

一点儿没错。如果是打了10年的棒球，历经无数次胜负成败，从中累积经验，技术当然会有所提升。

“但如果是酿了10年葡萄酒，葡萄也只收成过10次，等于只经历过10次酿酒作业而已啊！”

我顿时哑口无言。我们侍酒师每天的工作会带来各种各样的结果：受到客人的赞美、被客人责骂、生意兴隆、门可罗雀……而正是这些经历帮助我们累积经验、熟悉工作、加深对工作的理解。

但是，葡萄酒的酿酒师却是10年只有10次成果。就算葡萄顺利成熟，没有收成也不晓得葡萄的状态，就算收成了品质好的葡萄，也没办法断定葡萄酒能否顺利发酵、熟成，所以酿酒师当然无法果断地回答我的问题。

此时，我终于恍然大悟，前面提到的勃艮第酿酒师回答我的“这要视当时的情况而定”是个多么明智的回答。

山梨县的酿酒师也曾对我这么说过：“我们还在尝试阶段，没办法掌握结果。我们甚至想多听听别人的想法，告诉我们这么做究竟好不好。”

这块葡萄田适合栽种哪种葡萄、适合哪种栽培法、什么时候是收成良时、何种酿造法最佳、要熟成多长时间，这些问题的解答全都在“经验”里。特别是日本在近三十年才开始重视葡萄酒的品质，追求“品质优良的葡萄酒”，自然会遇到许多未曾历经过的问题。

因此，我们这些品酒者绝不能光靠品酒就摆出一副什么都懂的样子！

专栏 ⑤

隐藏在“年份”背后的陷阱

“年份”是葡萄酒最大的特征之一，常常可以听到有人说“现在是最佳饮用期”或“○○○○年是好年份”等等。

用所谓的“年份”来做区别的酒类，放眼望去也只有葡萄酒了吧！葡萄酒会直接反映出其原料（葡萄）的个性，所以葡萄的状态（成熟度）自然会大幅影响葡萄酒的品质。

也就是说，在适宜的气候（日照）条件下培育而成的、成熟度绝佳的葡萄，可以酿制出颜色浓、香气及味道都相当强烈的葡萄酒。此外，在气温过低、经常下雨的年份，葡萄的成熟度偏低，可以酿制出口感较轻柔的葡萄酒，而这也是一般人对年份的认知。当然，在好年份出产的葡萄酒，其价格也会跟着水涨船高，熟成的潜力也较高。

“伟大的年份”——这虽然是个夸张的表达方式，但记者、评论家等专业人士是在考虑采收状况（水平）、亲自品尝后，才定下如此高评价的。美国知名酒评家罗伯特·派克（Robert Parker）曾高度赞赏风评不佳的1982年波尔多葡萄酒，而此葡萄酒的评价之后确实逐日攀升，让1982这个年份有了“传说中的年份”的美誉，预测到这点的派克也成了时代的宠儿。年份的评价好坏，就是会带来如此大的影响。于是，“伟大的年份”这个符合法式风格的夸张说法就此诞生，这也可以归功于葡萄酒的魔力呢！

那么，“好的年份＝美味”就一定成立吗？事实并非如此。

葡萄酒的评价确实会受到年份的左右，而年份也会大大影响葡萄酒的身价，葡萄酒甚至还会被贴上“好年份、坏年份”等残酷的标签。年份是葡萄酒的特性，也是其有趣之处，但我们绝不能原封不动地接收年份表、坊间评价等信息。

在每年的 7 月过后，到了接近葡萄收成的时期，便会出现一大堆关于“今年葡萄品质”的情报。一般来说，年份评价取决于今年的气候状况及收成情况，每座酒庄的情况都不同。就算气候良好，收成过剩的话也无法酿出好的葡萄酒。而即便气候不佳，有些酒庄仍会栽种品质绝佳的葡萄出来。

公正的酿酒师、专家都明白，在葡萄采收后没多久，委员会或生产者虽然会公开相关情报，但是此时评价还为时尚早。尽管现阶段情况如此，但等到装瓶之后，葡萄酒的状态又会不一样。

在每年的春季，波尔多地区的专家们都会举办新年份品酒会（称为 primeur），为新年份的葡萄酒评分。此品酒会中所做的评价，将带动葡萄酒的价格上涨或下跌。但有些葡萄酒在此时此刻尚未熟成到理想的程度，需经过几年后才会崭露锋芒，一跃成为风味绝佳的葡萄酒。

此外，“年份的评价是针对某种葡萄酒酒款的”，这点也相当重要。波尔多葡萄酒的“好年份”不代表也是勃艮第葡萄酒的“好年份”。就算同为勃艮第葡萄酒，有时也会出现“红葡萄酒很优秀，白葡萄酒却很艰难”的年份。“好年份葡萄酒”的特征为味道具浓缩感，需花上一段时间才会迎来适饮期（发挥真正价值的时期），佐餐难度较高，且价格昂贵。

至于为何使用“艰难的年份”一词，就如同前面所说的，我认为用“好年份、坏年份”来区分葡萄酒实在没什么意义。所谓的“坏年份”的葡萄酒应改用“艰难的年份”来表示，这才是最妥当的。

在气候适宜、葡萄得以顺利成熟的年份，酿酒师不必费太大的功夫。但若是气候不佳、病虫害肆虐的年份，酿酒师就得多费心神才行了。由此可见，葡萄酒品质的好坏，其实取决于酿酒师的努力程度。从这个角度看来，我们也能用“艰难的年份”来形容这类年份。事实上，就算是评价普遍不佳的年份，也有许多酿酒师能酿造出品质绝佳的葡萄酒来。

至于“艰难年份”的葡萄酒的特征，对我们消费者而言也尽是好处。此类葡萄酒的香气较早散发、味道柔和，能马上开瓶享受，且与菜肴的搭配度高，价格也较为实惠。

除非你想品尝熟成 20、30 年的陈年葡萄酒，不然，“艰难年份”的葡萄酒才是最聪明的选择，而且我们也比较容易在此类葡萄酒中邂逅“美味”的葡萄酒。

红葡萄品种

6

赤霞珠
Cabernet Sauvignon

洗练

能酿出“葡萄酒贵夫人”的葡萄品种

波尔多的 Château Lafite Rothschild 内部

别名

Bidure、Burdeos Tinto

原产地

一般认为罗马时代的比图里卡（Biturica）葡萄，应该就是赤霞珠。

原产地为法国南部、西班牙北部（埃布罗河流域）、波尔多。

还有一种说法，17 世纪，由法国西南部的品丽珠(Cabernet Franc) 与长相思（Sauvignon Blanc）自然交配而来。

主要栽种区域

法国（波尔多、西南部、卢瓦尔河流域的安茹地区、朗格多克、普罗旺斯）、保加利亚、罗马尼亚、智利、美国加州、澳大利亚。

特征

粒小、带着黑色色泽，果皮厚且硬，果肉扎实。

适合于沙砾质等水分较少的土壤中栽种，不畏干燥。

树势强，收获量过多的话品质会明显下降。

为何赤霞珠会被誉为“葡萄酒的女王”呢?

想要酿出涩味强劲的葡萄酒，赤霞珠无疑是最佳选择。“涩味强烈（富含酚类物质）的葡萄酒有益身体健康”，就算赤霞珠未因这句话大放异彩，丰富的酚类物质仍是赤霞珠最重要的成分。

赤霞珠的颜色十分浓烈，整体色调渗着黑色，人们通常会用“石榴石”来形容这种颜色。从如此深邃的色彩可以窥探出，其香气也具有浓缩感，散发着辛香。赤霞珠的味道以酸味为基调，直接往外扩散，到了中味以后，那饱满的涩味将会充满整个口腔。

光是看上面这些叙述，相信大家应该仍会感到疑惑：“为什么要用‘女王’或‘女性化’来形容赤霞珠呢？”赤霞珠是法国波尔多的主要葡萄品种之一，传统认为波尔多较女性化，勃艮第较为男性化。虽然反过来看似乎也说得通。

不过，这里还必须加注“熟成的波尔多”这几个字。波尔多葡萄酒的发展其实是由英国带起的[1]，英国人偏好熟成的葡萄酒，也因此出现了“波尔多需熟成 10 年以上再饮用”这样的名言。

赤霞珠含有丰富的单宁，年轻时口感锐利，若于此时封锁其香气，能让葡萄酒的口感更为硬实。但是，“封锁香气”等于是在熟成过程中踩刹车，也就是说，熟成的速度将会变得极为缓慢。锐利的涩味在经过缓慢的熟成后，将转变为平衡感极佳的口感与致密的涩味。

---

① 法国西南部一带（包括波尔多地区）统称阿奎丹大区，古时候此地曾为阿奎丹公国。阿奎丹公国的公爵夫人与英国国王结婚，阿奎丹也因此成了英国的领土（1152 年～1453 年）。

经过长时间熟成的波尔多赤霞珠，拥有珍稀的高雅感与平衡感绝佳的味道，其致密的涩味能营造出仿佛天鹅绒、丝绸般的口感，这正是人们说波尔多葡萄酒“宛如贵夫人一般”的原因。

此外，在罗曼尼特级葡萄园之争[①]中，输给康帝公爵的庞巴度夫人为了泄愤，曾将波尔多的Château Lafite Rothschild（拉斐酒庄）作为凡尔赛宫的御用酒庄，这段逸闻也让“波尔多=贵夫人”的形象深入人心。

赤霞珠的气味——跟日本气候很搭的“薄荷味”

一般认为赤霞珠最典型的特征为“植物味”（Vegetal），这点跟长相思一样呢！除此之外，欲判断赤霞珠成熟与否时，还会使用“香草味”（Herbacée）一词来形容。

但是，随着人们对成熟的理解程度日渐加深，再加上地球温暖化的影响，这些表达方式也就不再使用了，取而代之的是“薄荷味”一词。

---

① 18世纪后半期，为了争夺位于勃艮第沃恩村的特级葡萄园，曾有过一场壮烈的战争。这场战争中的两位敌手分别为：国王的情人庞巴度夫人和国王的心腹康帝公爵。庞巴度夫人想利用这块葡萄田酿制能用于拍卖的品牌酒，而康帝公爵看不惯庞巴度夫人将国王路易十五操弄于手掌心。结果康帝公爵凯旋，这块葡萄田也因此被命名为“罗曼尼·康帝”，这个名字遂沿用至今。

虽然这是我个人的偏好，但我更喜爱带着适当薄荷香气的赤霞珠。日本的气候闷热，并不适合饮用红葡萄酒，但赤霞珠的薄荷味能让身处闷热环境下的品酒者感到清凉爽快。赤霞珠宜人的涩味伴随着带有薄荷香气的后味，这种味道简直棒极了！

若用水果来打比方的话，我会说赤霞珠带有黑加仑的味道。按葡萄成熟度的不同，有时也能尝到覆盆子或蓝莓的香气，但我认为散发着黑加仑气味的赤霞珠，最符合该葡萄品种应有的气息。甚至可以说，只要是散发着黑加仑香气的葡萄酒，都能让人联想到赤霞珠。

来杯葡萄酒休息一下

6 品酒笔记

Testing comment

一般在品红酒时，会用“莓果类的味道”来形容红葡萄酒的香气。每当我在研讨会上提到这点时，总会听到有人感叹：“根本没机会闻到黑加仑或黑莓啊，怎会晓得确切的味道？”

事实上，就算是侍酒师也是如此。毕竟品酒理论是由法国人制定的，表达用语也自然都是以法国人熟悉的事物为主。对我们而言，理所当然会有从未见过，或是从没闻过的东西。

但是，写品酒笔记并非是用自己熟知的东西来形容，而是要采取人尽皆知的表达方法。也就是说，我们只不过是遵照法国人定的理论来形容罢了。

感性的人能参考自身经验，创造出独特的表达方式。比如说，有人曾用“荞麦的花蜜”来形容葡萄酒的气味。自创新的表达当然没有问题，但是，品酒活动并非让人发挥造词创意的场合，其主要目的是分析葡萄酒。用“荞麦蜂蜜”或者“四叶草蜂蜜”来形容葡萄酒时，葡萄的个性、酿造、产地、熟成会有差别吗？没有明确区别的话，“荞麦蜂蜜”顶多只能算是个人表达方式。

没错，所有的表达方式都必须有明确的理由才行。接下来，我想跟各位说明，一般在形容红葡萄酒气味时，最重要的“红色果实”的香气所代表的含意。

●鹅莓——味道轻盈，以酸味为主体的水果。用来形容新鲜、年轻、酒体轻的葡萄酒。

●覆盆子——味道较为强烈，酸味也偏强劲。用来形容具浓缩感的年轻葡萄酒。

●蓝莓——果实紧致。拥有酸甜平衡的味道。

●黑加仑——拥有甜味突出的香气。用来形容不仅带有酸味，也带有甜味与层次感的酒款。

●黑莓——给人浓缩感强烈的印象。用来形容成熟度高的葡萄酒。

●黑樱桃——甜味与涩味会比酸味还早散发出来。

按照葡萄的成熟度不同，品酒笔记中的表达方式会如上述所示，从鹅莓慢慢转变至黑樱桃。由此可知，比起寻觅能形容气味的词汇，更重要的是将香气的变换过程表达出来。不同的香气等级，套入能让人推测出成熟度的莓果类型。换个粗略一点的说法，即便不知道黑加仑的味道，只要知道葡萄的成熟度为“偏中上”，就能使用“黑加仑”一词来形容。

品酒时若能让主观与客观、感性与理性保持平衡，便能写出更为成熟的品酒笔记，不过还是必须以客观和理性为主，这也正是“品酒要在大脑内进行”的原因。

世界各地的赤霞珠

赤霞珠与霞多丽同为葡萄品种酒之首，产区遍及世界各地。赤霞珠可以酿制出“符合红葡萄酒应有风味”的葡萄酒，在气候暖和的地区特别受欢迎。

法国的地中海地区到西南地区皆有赤霞珠的产区。加州拥有不少高级葡萄酒，当地出产的赤霞珠葡萄酒甚至曾打败过正统的波尔多葡萄酒。澳大利亚则能酿造出具有完美平衡风味的赤霞珠葡萄酒。此外，也有许多在波尔多颇具盛名的酒庄及酿酒顾问，都纷纷进军到引领健康风潮的智利。

能品尝到赤霞珠风味的 10 支酒

- 波亚克（法国）——Château Latour
- 圣朱里安（法国）——Château Langoa Barton
- 马尔戈（法国）——Château Ferrière
- 朗格多克（法国）——Daumas Gassac
- 艾克斯（法国）——Beaupré
- 托斯卡尼（意大利）——Carpineto
- 纳帕谷（美国）——Beringer
- 库纳瓦拉（澳大利亚）——Wynns
- 西开普（南非）——Rupert & Rothschild
- 科尔查瓜山谷（智利）——Los Vascos

赤霞珠的侍酒法——饮用时的注意事项

如前所述，赤霞珠的特征为含丰富的单宁，且容易于酒龄尚浅时封闭香气，给人味道硬实的印象。由此可推知，赤霞珠的侍酒重点正是与空气大面积接触，帮助香气散发，使涩味转为圆润口感。

波尔多地区生产的葡萄酒特别需要醒酒。在霞多丽的章节就有稍微提过，醒酒与否的关键大多取决于个人的想法与偏好，侍酒时若抱持着“醒酒一定比较好”的想法，那就太过轻率了。

话虽如此，陈年潜力高于某种程度的波尔多葡萄酒（零售价300元以上），就不必受限于此。甚至可以说，这类波尔多得先经过醒酒之后，才有办法发挥出真正的价值。一般人认为，波尔多葡萄酒最原始的味道就是其平衡感绝佳的口感，所以会让葡萄酒吸取氧气，让香气更显深邃。但我个人则认为，“醒酒是波尔多的传统”这个单纯的想法才是“通过醒酒能让波尔多葡萄酒发挥其真正价值”最主要的原因。

水晶醒酒器诞生于18世纪初的英国，而波尔多与英国有很深的渊源（波尔多在12～15世纪时都是英国的领土），光从这一层关系来看，我们不难想象这个美丽的容器在波尔多亮相时的惊艳场景。到了20世纪，波尔多大学的酿造学权威——艾米尔·培诺（Emile Peynaud）教授发表了这样的观点：通过醒酒将葡萄酒与空气接触后，葡萄酒的风味将会大幅改变。于是，无论在历史层面、文化层面还是科学层面，人们都逐渐建立起“以波尔多葡萄酒侍酒时，必须先经过醒酒”的观念。

此外，波尔多地区还有一种传统的“二次醒酒”手法——将醒酒后的葡萄酒再次倒回原本的酒瓶中。侍酒前的准备时间如果充足的话，这确实是一个不错的方法。将醒酒后的葡萄酒倒回酒瓶中，就能让葡萄酒吸取足够的氧气，避免葡萄酒与空气接触后继续产生反应（酒瓶内的面积狭小，与空气接触后也不会有太大的反应），是个非常合理的侍酒手法。

好像不小心聊了太多关于波尔多的话题了，不管怎么说，只要能有效地让赤霞珠接触空气，品酒时的喜悦感也会倍增。

至于酒杯，波尔多型酒杯与瘦长型的酒杯（郁金香型）都很适合用来盛装赤霞珠，凸显其平衡的风味。

在大多数人的印象中，波尔多型酒杯是体积较大的酒杯，适合用来盛装年轻的赤霞珠，或加州出产的“BIG WINE”这样的酒体丰盈的葡萄酒。但是，我个人认为最理想的侍酒方式是先取一瓶经适当熟成的赤霞珠，醒酒 2 ~ 3 小时，注入大小适中的郁金香型酒杯后，再提供给顾客，才能让人品尝到被誉为“葡萄酒贵夫人”的赤霞珠的精髓。

我之所以强烈建议大家醒酒，其实是源于一段亲身经历。我曾任职于一家名为“Beige Alain Ducasse Tokyo”的餐厅，Beige 餐厅的总公司是香奈儿。餐厅开幕后没多久，香奈儿总公司的老板一行人预约了店内的晚餐。在预约当日的下午 3 点左右，香奈儿日本公司的老板（也就是我们的老板）打电话来店里吩咐道:“现在马上先将 Château Rauzan-Segla 1983 拿出来醒酒！”Château Rauzan-Segla 是以赤霞珠为主体的波尔多葡萄酒。听到指示后，我虽然困惑了一下，但毕竟是老板的要求，我还是得听命行事。

老板预约的用餐时间是晚上6点，等于我必须将葡萄酒醒相当长一段时间。

到了晚上7点左右，我在侍酒前试喝了一下，经过长时间醒酒的葡萄酒有着说不上来的细腻感，口感既丰盈又舒适。致密、优雅这两个词汇无疑就是在形容这种状态的。经过这次的经验，更让我强烈体会到醒酒的重要性。

带有“瓶塞味”的葡萄酒，到底可不可以喝呢？

侍酒师必须具备判断瓶塞味[①]的能力。若想让顾客觉得“不管什么时候来这家店，都能喝到美味的酒”，侍酒师就绝对不能允许葡萄酒里出现瓶塞味。侍酒师在侍酒前一定要先进行试饮，只要觉得酒里带有瓶塞味，就一定不能将此酒端给顾客。但是，就算是侍酒师也不可能每次都能当机立断……

这是在我侍酒资历尚浅时所发生的事。

某一天，有位顾客跟上司点了Château Lafite Rothschild 1982[②]，上司便吩咐我开瓶及醒酒。“这不是……？”开瓶后，

---

① 法语说bouchonné，英语说corked，就是软木塞的臭味。瓶塞味生成的原因为残存于软木塞内的三氯苯甲醚（通称TCA）会影响到葡萄酒的风味，使葡萄酒带着潮湿纸箱、石灰的味道，还会让果实味缺少纯粹感，整体的口感也会变得不纯净。因此，带着瓶塞味的葡萄酒通常会被视为瑕疵品。

② 大财团罗斯柴尔德家族所拥有的酒庄，是波尔多五大特级酒庄之一。波尔多红葡萄酒有着“红葡萄酒的贵夫人”之称，所以我们甚至能称此酒为“贵夫人中的贵夫人”，这款高雅至极的红葡萄酒令爱好者们垂涎不已。由于1982年被誉为“世纪之年”，让此酒的评价与价格皆无止境地上涨。

我抱持着怀疑的态度向上司表示，“这瓶酒应该有瓶塞味，开另外一瓶吧？”听了我的话之后，上司边摇头边说：“没问题的。”

“但是有瓶塞味哦！真的要端出去给客人吗？”尽管我死缠烂打地询问，但还是得遵照上司的意思。于是我便将该葡萄酒醒酒，并稍微多放置了一段时间。在这过程当中，我一个人忧心忡忡地想着，说不定是我搞错了，等到香气变得更为馥郁以后，再把酒端出去应该比较好。虽然这么做是不被允许的，但我仍偷偷地把酒倒入杯中，再度嗅闻香气。味道果然有异。“这绝对是瓶塞味！”尽管我穷追不舍地不断跟上司说明，但上司到最后依然没有改变想法。

在我怀着忐忑不安的心，请客人试饮后，客人居然回复我道：“没有问题。”虽然难以置信，但我着实松了一口气，于是我便放下心继续进行侍酒服务。在该名客人离店前，上司一脸得意地对我说：“石田，去帮我把拉菲的酒标撕下来，那位客人说酒很好喝，想把酒标带回去。”

我自然是内心充满了懊悔，但也重新认真考虑了一下：

就算跟客人说“酒里有瓶塞味，我帮您换新的”，客人也不一定会感谢侍酒师。有的人甚至心里念着“不必了，快点帮我上酒就好”。而且，所谓的“换新酒”等于把原本的酒作废掉，更何况是拉菲这么高级的葡萄酒，作废后对餐厅造成的损失自然非同小可。而事实上，客人没有换新酒，也确实度过了愉快的晚餐时光。在这次事件中，我应该反省的是：因为我的死缠烂打及任性，导致上酒时间延迟。

还有另外一个小故事，是我在巴黎进修时发生的事情。

我当时进修的地点是一家天天客满的巴黎知名餐厅。由于该餐厅不算是那种超级高档的餐厅，所以只要有机会，连我这样的“进修生”都可以进行侍酒服务。

这是在某天午餐时间发生的事。我不太记得确切的酒款了，当我将某款波尔多的红葡萄酒醒酒并端给客人后，客人问：“这应该是瓶塞味吧？你有先试饮过吗？你觉得如何？”我立刻回答：“没有问题。”听了我的回答后，该名客人说：“OK。”我就离开他的餐桌了。

过了一段时间，店内的主侍酒师开始跟每一桌的客人寒暄，当主侍酒师走到该名客人的餐桌时，只见他拿起酒杯再次询问，看来他果然还是无法接受。接着主侍酒师马上吩咐别的侍酒师重开一瓶新的波尔多，接到指示的侍酒师匆匆地对我说：“你真的有先试饮过吗？那就是瓶塞味啊！”并急急忙忙地醒酒、端送。

但是，在我试喝了新开的波尔多后却发现，跟前一瓶波尔多的味道完全一模一样啊！我敢笃定“这绝对不是瓶塞味”。

尽管如此，主侍酒师仍然毫不犹豫地吩咐侍酒师马上换新酒，而之前的那瓶波尔多，则成了晚餐时段的单点杯酒。

历经这两次的经验，让我学习到了应付瓶塞味的方法。不能将带有明显瓶塞味的葡萄酒端给客人，这是侍酒师的职责。但在某些情况下，侍酒师该思考的并非有无瓶塞味，而是考量当下的情境与客人的感受，将这些现场状况作为最重要的判断依据。

在巴黎“Michel Rostang”进修的时候（1997）

专栏 ⑥

香气的诱惑

说到品酒，大家最关注的无非是“香气”吧！“请问这是什么东西的香气呢？”无论是正在学习葡萄酒的人，还是不打算研究葡萄酒的人，都经常问我这个问题。很多人在品酒时，总会一拿起酒杯就马上去闻葡萄酒的气息，或是花很长一段时间嗅闻香气。

对我们而言，葡萄酒香气的表达方式大多都是日常生活中不常见到的东西，但这反而能激起我们的好奇心吧。

香气的确相当重要，品酒界的权威甚至曾说过：“品酒的结论有80%是靠香气来决定的。”尽管味觉要素只有五大项，但其中“香味”的种类却是数不胜数。我们也可以说，是香气营造出了葡萄酒的多样性。在葡萄酒熟成的过程中，就属香气最变化莫测。虽说是“喝”葡萄酒，其实是在品尝其香气，或许真是如此呢！

不过，我个人在品酒的时候，都会特别留意不被香气牵着走。葡萄酒的外观与香气确实能透露出很多讯息。从外观可以看出葡萄的成熟度，以及葡萄酒的熟成阶段，还能得知酒精浓度。从香气可以判断出葡萄品种的个性、酿造及熟成的方法，以及栽种该葡萄的土地其独特的个性。

但是，这些都只不过是推测罢了。现在的栽培、酿造技术都相当发达，已经可以利用人为的方式加深酒体颜色、让色泽变鲜明、加强水果香气、添加辛香料香气等。

靠这些技术制成的葡萄酒相当平易近人，还能让人尝到奢华感。此类葡萄酒的接受度高、浅显易懂，能吸引不少品酒者，甚至还能在盲测中博得极高的评价。

不仅如此，此类葡萄酒也能跟得上流行。在流行浓缩感十足的水果香气时期，木桶的烘烤气味就曾大受欢迎。葡萄酒跟时尚一样，会随着潮流演变出万千风情。

但是，葡萄酒的本质是葡萄于产区环境生长、成熟、成长（熟成）后所形成的独特风味。这里的风味指的当然是香气，而这些风味也会明显地反映在口感上，特别是会残留在葡萄酒的余韵里。

仔细观察葡萄酒的外观与香气，再将葡萄酒送入口中。经现代技术粉饰、矫正过的葡萄酒虽然拥有芳醇又豪华的口感，能给人不小的冲击，但是，残留在口腔深处、舌根处的味道，也就是所谓的余韵，则会一览无遗地展现出葡萄酒的本性。此类葡萄酒的余韵可能会特别苦涩，让口内出现干渴感，或是根本没有残存任何风味，徒留空虚。

反映在葡萄酒余韵的味道特征才是未经丝毫修饰的“葡萄酒本质”。曾听人说过：“想要切实感受余韵的话，请花上 45 秒。”余韵确实值得我们花上这么长一段时间细细品味。

7

梅洛
Merlot

馥郁

只有梅洛才配得上“果味十足”这句赞赏

波尔多近郊，圣埃米利翁的景色

别名

Petit Merle、Vitraille、Bigney

* Merlot（梅洛）一词源于 Merle（黑鸟）。由于黑鸟喜欢在葡萄成熟时飞来葡萄田啄食，故得此名。

原产地

波尔多。在 1789 年巴黎的记录中，是以 Bigney 之名称呼梅洛。于 19 世纪流传至意大利。

主要栽种区域

法国（波尔多）、意大利（威内托、弗留利）、瑞士、保加利亚、罗马尼亚、美国加州、智利、日本。

特征

穗中等、粒中等，果实多汁，果皮偏薄。

适合栽种于粘土质等富含水分、养分的土壤，对湿度的抗性高。

成熟期早，收获量多。

糖分容易升高，酸味容易减少。

由酿酒师千锤百炼而成的葡萄——梅洛

梅洛原本是用来混合赤霞珠的辅佐用葡萄品种，能够有效缓和赤霞珠的涩味与硬度。赤霞珠属于晚熟型葡萄，若秋季的降雨量过多，收获量就容易变得不稳定。相反地，梅洛属于早熟型葡萄，可以赶在降雨前收成完毕，收获量也较为稳定。

波尔多梅多克地区的特级酒庄多半以栽种赤霞珠为主，再按照赤霞珠的状态（品质）斟酌梅洛的添加量，调整至平衡的风味。“用梅洛为赤霞珠增添风味”，时至今日，这样的酿造方式仍旧一如往昔。但近年来，梅洛的存在价值已经不可同日而语。

梅洛是梅多克对岸的利布尔讷地区（也称右岸地区）主要栽培的葡萄品种，跟历史悠久又豪华的梅多克酒庄所酿制的优雅红葡萄酒相比，利布尔讷的红葡萄酒或许稍显朴素。利布尔讷自古就拥有与梅多克特级酒庄不相上下的高品质葡萄酒，但在生产规模上，利布尔讷确实略逊梅多克一筹。不过，有位关键人物改变了人们对利布尔讷的固有印象，他致力提升梅洛的地位，对梅洛的发展贡献颇多。

这位人物就是素有飞行酿酒师[①]之称的米歇尔·罗兰（Michel Rollands）。不光在波尔多地区，他在全球都有极高的影响力，而他同时也是位酿酒顾问，别名为梅洛先生（Mr.Merlot）。只要谈到现代的梅洛，就绝对无法忽视米歇尔·罗兰的存在。他原本

---

① 对同时受聘于数家酒庄的酿酒顾问的通称。由于这些酿酒师的工作范围不仅限于国内，而是需要在世界各地飞来飞去，故以“飞行酿酒师”称呼。飞行酿酒师的概念源自栽培、酿造技术皆发达的澳大利亚，他们会在祖国的栽培、酿造作业结束之后，飞往与澳大利亚季节相反的北半球，担任当地酒庄的酿酒顾问。

就是一位远近驰名的酿酒师兼酿酒顾问，但他最令人津津乐道的功劳，则是成功提升了梅洛的形象。

在自古就遵照传统、秉持自然酿酒的利布尔讷地区，米歇尔·罗兰逐渐引进新兴酿造技术，帮助当地的葡萄酒改头换面。由他经手酿造而成的葡萄酒，不仅颜色浓烈，带有浓缩感十足的果实味，还兼具丰腴的酒体。这些葡萄酒最大的特征为：就算刚酿制完成，也能散发出鲜明又强烈的香气。

在每年春天举办的新酒（primeur）品酒会当中，米歇尔·罗兰的酒往往能博得全场一致好评。刚酿好的梅多克葡萄酒，香味通常仍处于封闭的状态，跟这些葡萄酒相比，米歇尔·罗兰的葡萄酒更能吸引专家们的目光。

于是，各个酒庄争相邀请米歇尔·罗兰担任酿酒顾问，光在波尔多地区，他就曾担任过 50 座酒庄的酿酒顾问。现在不只是波尔多地区，他跟全世界 150 座以上的酒庄签订了合约，简直就像一位跨国音乐制作人呢！电影《葡萄酒世界》[①] 就曾介绍过米歇尔·罗兰超级忙碌的生活，引起了不少的关注。

让如此知名的米歇尔·罗兰投入最多心力的葡萄正是梅洛，他酿制的梅洛葡萄酒既豪华又迷人，风靡世界各地。

但成功的背后免不了有批评的声音："在他的葡萄酒里找不到风土。"

---

① 2004 年制作的纪录片电影，导演为乔纳森·诺西特，他本身曾担任过侍酒师。故事主轴围绕拓展葡萄酒市场的商业主义（全球化）与坚持手工的农民（本土化）的对立，再衍生出酿酒制程中的意外真相，以及牵连其中的戏剧性人生。

的确，米歇尔·罗兰担任多达 150 座酒庄的顾问，确实不可能透彻了解每个地方的风土，更别说将该地的风土展现于葡萄酒之中。他擅长重技术的酿酒方式，因此不管在什么地方，酿造出来的葡萄酒，其风味都很相似。

我认为这样的批评并不妥当。毕竟米歇尔·罗兰不是酒庄的老板，而是以酿酒顾问的身份帮忙酿制葡萄酒。葡萄酒是否具有该地区的风土，其实是当地的居民——也就是酒庄老板，理应负起的责任才对。一直以来，确实有些酒庄在接受米歇尔·罗兰的指导之后，再靠自己的力量提升了自家葡萄酒的品质。

不管怎么说，靠着酿酒师的技术，梅洛才逐渐发展成国际性的葡萄品种。

果实、铁、黑松露——梅洛的气味

梅洛最初的特征为具浓缩感的果实气息，我认为蓝莓散发着近似梅洛的香气。按照葡萄的成熟度及酿造技术的不同，梅洛葡萄酒的浓缩感也会产生变化。基本上，梅洛的香气大多不会转为黑加仑味，而是会变成蓝莓味。各位可以把这点当成是我个人的意见就好，因为我相信会有很多人反驳我："才不是这样。"那么，为什么我会有这种味道的认知呢？到后面再跟各位探讨。

将梅洛葡萄酒送入口中后，芳醇的果实味会在口腔内多层次地扩散开来，所以有许多人喜欢称梅洛为"果味十足的葡萄酒"，

不过其中有些人其实只是习惯用“果味”这个词来形容所有的葡萄酒而已。但是，我并不会用“果味”来形容所有的葡萄酒，我甚至很少用到这个词汇。当我使用“果味”一词的时候，就代表我正在品尝梅洛葡萄酒——这么说绝对不夸张。

“酥脆”（Croquant）一词也是我个人相当喜欢的表达方式，意指“发出声响的酥脆感”，也可以用“酥脆的蓝莓”来形容。

用蓝莓来形容红葡萄酒的果实香气时，可将蓝莓分为“成熟→碾碎→糖渍→果酱”四个阶段。“脆”指的是果实成熟的口感，果肉紧实，咬下去能发出声响，呈现紧致的状态。待梅洛成熟到适当的状态后，再利用现代洗练的酿造技术酿制，就会出现“酥脆”口感。有些读者或许会摸不着头绪，不过我也不是马上就理解，而是慢慢摸索出来的。

其他常在梅洛中感到的味道还有“铁味”，像是血液、生肉或是铁本身的味道。各个产区的铁味强弱都不同，我们可以将之视为梅洛独有的气味。铁味与土壤味都属于“矿物味”。

波尔多利布尔讷地区的波美侯[①]能酿制出铁味最为明显的梅洛葡萄酒。年轻时铁味特别明显，随着熟成会逐渐转变为土壤的气味，最终将转变成黑松露的香味。“黑松露的味道”也可以说是梅洛最终的香味呢！

---

① 波尔多地区的多尔多涅河岸区域。波美侯的葡萄田主要栽种梅洛，此地独特的土壤含有丰富的铁质，能酿造出力道强劲、具浓缩感、陈年潜力高的葡萄酒。由此地的知名酒庄 Petrus、LE PIN 所酿制的葡萄酒，甚至有身价超过 1 万元的超高级酒款。

来杯葡萄酒休息一下

7 红葡萄酒的酿造技术

Technology of red wine

在所有红葡萄酒与白葡萄酒的酿造技术当中，最具决定性的差异为：酿造红葡萄酒时，需连同果皮、种子、果肉、果梗（茎等）进行发酵，所以酿酒师们会苦心钻研萃取精华的方法。在此介绍几种常见的萃取方法。

◎浸泡法（浸渍）

将葡萄的果皮、果肉及种子浸渍后，从里头萃取出来的色、香、味成分，即为葡萄酒液体的来源。在葡萄酒发酵结束后的1～2个星期内，持续保持浸渍状态的手法称为“浸泡法”。

有些酿酒师会在葡萄酒发酵前使用浸泡法，让轻轻压榨的葡萄与其果汁一同保持在低温的状态（添加抗氧化剂），这种手法称为“预先发酵（Pre-ferment）”。在浸泡的过程当中，葡萄酒的颜色会变得更浓，果实味也会变得更加浓郁。

会使用浸泡法的产区主要是勃艮第地区，此方法相当适合用来酿制黑皮诺。

◎浓缩

在降雨频繁的年份，葡萄本身的成分很有可能会被冲淡，此时可采取逆渗透膜浓缩、减压浓缩等方式去除水分，或是使用“出血法”（saigne）将呈酒醪状态的葡萄酒液体流出，提高固体（果皮、果肉、种子等）的浓度，使葡萄的精华更为浓缩。

◎微气泡注入（微氧）

将微气泡送入发酵中或熟成中的葡萄酒，从而供给氧气的酿造技术。此方法能帮助葡萄酒生成更加鲜明的香气，还能缓和单宁的收敛性，故能让刚酿好的酒充满馥郁的香气，也能给人味道柔和的印象。

◎熟成

用新木桶熟成能赋予葡萄酒辛香，以及烘烤的气息。熟成期间若能不断搅拌桶内的葡萄酒，则能让葡萄酒吸取酒渣等沉淀于桶底的酚类物质。

传统的搅拌工具为长棒，随着日新月异的科技发展，现在人们也开发出了能够自动搅拌桶槽的设备。

酿酒师们努力不懈地钻研萃取葡萄精华的方法，除了这些酿制技术以外，还致力于与葡萄成熟有关的研究，以及其他各式各样的相关技术。但也有些酿酒师提倡回归原始的酿制方法。

世界各地的梅洛

梅洛提升了世界各地酿酒师的技术，在全球范围内的总栽种面积也正逐渐扩大。

波尔多右岸的利布尔讷地区（圣埃米利翁、波美侯）是梅洛的中心产区，而波尔多对岸的梅多克、格拉夫产区的梅洛生产量也已经有所提升，大概是因为梅洛“平易近人、入喉感佳”的原因吧！

加州也有不输给原产地波尔多的梅洛葡萄酒。此外，日本长野县生产的梅洛品质也相当优良，以名扬国际的“桔梗原葡萄酒庄”为首，盐尻等地也都有生产具国际水准的梅洛葡萄酒。

能品尝到梅洛风味的 10 支酒

- 波尔多（法国）——Hubert de Boüard
- 波尔多·法兰克（法国）——Chateau Le Puy
- 圣埃米利翁（法国）——Château Troplong Mondot
- 波美侯（法国）——Château Le Bon Pasteur
- 弗留利（意大利）——Blason
- 纳帕谷（美国）——Shafer
- 长野 桔梗原（日本）——Mercian
- 长野 小布施（日本）——小布施酒庄
- 长野 盐尻（日本）——林农园
- 长野 盐尻（日本）——井筒酒庄

梅洛的侍酒法——与肉食菜肴绝搭的葡萄酒

必须凸显出梅洛浓缩的果实味与丰盈的酒体——这是梅洛的侍酒重点。

除了处于还原状态的酒款（氧气不足的酒款）以外，梅洛不需要像赤霞珠一样长时间接触空气。醒酒反而会造成梅洛的果实香气变调，所以一般情况下不会将梅洛醒酒。我认为不醒酒才是梅洛的最佳侍酒法，光是醒酒这个动作，就会改变葡萄酒的个性与状态。所以，不需要什么多余的步骤，还是直接将梅洛端送给客人比较妥当。

至于酒杯，考虑到梅洛丰腴的酒体，圆胖的气球型酒杯应该比较适合，但也需要根据梅洛的类型来决定。尽量不要使用勃艮第酒杯等圆形酒杯，否则会让梅洛的酒体显得松散。以梅洛侍酒时，最理想的酒杯为宽度适中的郁金香型酒杯。

时至今日，红葡萄酒与鱼类菜肴已经不再是稀奇的组合，应该是因为葡萄酒的风味越来越洗练的缘故吧！以往的餐厅通常只有一道前菜跟一道主菜，所以我们可以很平均地品尝红、白葡萄酒。但到了现在，同时包含多款菜色的套餐日渐普及，在套餐中，主菜以外的配菜多半是蔬菜或海鲜类菜肴，此时若仍坚持“红葡萄酒配肉类”的话，用餐过程中恐怕得不断饮用白葡萄酒。因此，站在侍酒师的立场来看，确实有必要推荐大家用红葡萄酒搭配肉类以外的菜肴。

话虽如此，我仍认为梅洛唯有跟肉类配合在一起才能迸发出最完美的火花。梅洛葡萄酒的厚实肉感，远远胜过鱼类的口感。侍酒师绝不能在客人品尝鱼类菜肴时，推荐客人搭配这种味道压过菜肴的葡萄酒啊！

想要享受肉类菜肴，就得配上梅洛葡萄酒。梅洛很适合搭配牛里脊肉、鸭肉、鸽肉、鹿肉、猪肉等所有的红肉，内脏也是不错的选择。此外，梅洛在野味供应的季节也相当活跃。赤霞珠靠涩味凸显肉味，使肉类的味道更加清新，梅洛则能让肉类的分量感更为膨胀。可以这么说吧，梅洛最适合“肉食系”的人，也很适合食欲旺盛、爱吃的人。

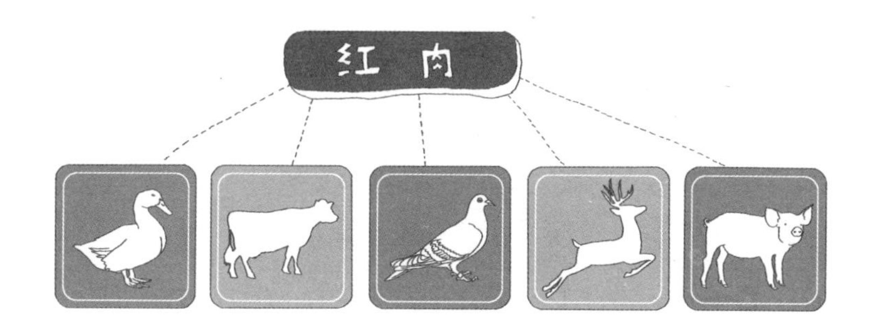

将梅洛定为“标准”来学习

我年轻的时候，每天都以成为侍酒师为目标认真学习，但我在餐厅里的身份却不允许我亲自碰酒，更不可能会有品酒的机会。当时我自己一个人住，好不容易买了一次酒，但同一款酒得喝两三天。再这样下去我将永远无法进步，我的内心就这样日复一日地纠结着。

这个时候，三得利公司开始销售“Wine Cafe”系列葡萄酒。此系列葡萄酒以葡萄品种为名，每瓶500毫升，共有卡本内、梅洛、桑娇维塞、霞多丽、雷司令及长相思等6种葡萄酒。只要把葡萄酒想象成啤酒的替代品，就能说服自己在每天工作结束后饮用一款。当时的我尚未抓住葡萄品种的个性（虽然现在也还没完全掌握），每天喝“Wine Cafe”也成了我的绝佳训练方式。

在那个年代，应该有不少人都跟我一样借助“Wine Cafe”系列来学习品酒吧！在那段似懂非懂的学习过程中，“只要喝了应该就能进步吧！这就跟学英文一样，不可能突然就能说一口流利的英文。”我总是一边鼓励自己一边不断品酒。

某一天，轮到品尝梅洛的时候，我突然惊觉“梅洛带着浓缩的果实香气”，接着又很清楚地感受到了“蓝莓”的味道。

并非所有的梅洛都带有蓝莓的香气，赤霞珠和黑皮诺有时也会出现蓝莓的气息。虽然我自认酒里带有蓝莓的味道，但说不定其他人根本就没有感受到蓝莓味。

但是，能够明显感受到“存于红葡萄酒中的蓝莓味”，对我来说是个极为关键的进步。于是，我将蓝莓定为红葡萄酒果实香气的“基准”，比蓝莓味更轻盈、能联想到酸味的味道就是覆盆子或鹅莓；比蓝莓味更强烈、能联想到甜味或苦味的味道就是黑加仑或黑莓。如此就能更轻松地判断香气的味道了。

此外，我还会如此判断：果实气息比梅洛还淡的是黑皮诺，比梅洛还强的是赤霞珠。若于判断时感到迷惘或动摇，就再度饮用梅洛，回到最初的基准，我总是这样不断地重复这些动作。

虽然我不晓得这样的品酒方法究竟正确与否，也不确定适不适合推荐给大家，但无可否认的是，梅洛的果实香气就此成了我的品酒基准之一。

专栏 ⑦

葡萄酒与价格的关系

葡萄酒是一种拥有诚实价位的商品，除了少数稀有的葡萄酒之外，葡萄酒的品质、味道等因素，几乎都与其价格成正比。

有些电视节目会找爱喝葡萄酒的艺人来参加盲测，请他们猜测哪款酒的价位高。相信大家应该都知道，想猜中其实并没有那么容易。除了受到节目摄制现场的紧张气氛左右，以及不习惯在拍摄现场品酒之外，最主要的原因是节目制作单位会刻意准备品质微妙（没有发挥其真正价值）的酒，试图扰乱嘉宾的判断。想必节目制作人应该是特别去找了“让人难以分辨的葡萄酒”吧！

其实我想说的是“葡萄酒几乎不会背叛自己的价格”，所以我想在此跟各位谈谈葡萄酒的价格带与个性的差异。

每个人对葡萄酒价位高低的认知都不同，有人觉得300元的葡萄酒非常便宜，也有人觉得100元的葡萄酒就已经算贵的了。因此，我以一般大众的标准来区分葡萄酒的价格带。

◎低价格带

售价100元以下的葡萄酒。在有销售酒类的店铺里，不管是零售还是批发，皆靠低价格带的葡萄酒带动销量。

低价格带的酒款大多能让人品尝到其主原料——葡萄品

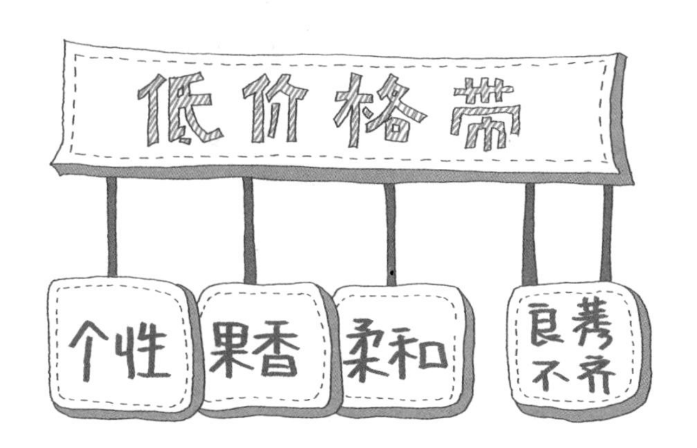

种的个性，且果实香味丰富、口感柔和。低价格带葡萄酒最大的特征为良莠极为不齐，尤其是价格越低的葡萄酒，好坏差距也越大。

就算选购的是知名酒款，例如夏布利、波尔多、勃艮第、意大利的康帝及索阿维等葡萄酒，只要其售价仍落在此价格带内，买家就必须特别留意，因为这些葡萄酒多半未发挥其真正的价值。

但相反的，若能找到发挥真正价值的葡萄酒，则是一件幸事。毕竟能用如此实惠的价格买到自己喜爱的酒款，任何人都会喜出望外吧。

◎中价格带

售价介于 100 ~ 200 元的葡萄酒。中价格带的葡萄酒除了带有葡萄品种的个性以外，还能反映出原产区的特征。

人们常说："葡萄酒是用来享受风土（产地的气候、文化、习惯、风俗）的饮品。"想体验葡萄酒的精髓，就必须选择中价格带的葡萄酒。中价格带酒款的品质稳定性远胜于低价格带酒款，不太会出现坏酒，品质均一。而且酒瓶与酒标营造出来的气氛，也能让人明显感受到层级的差异。

若是在葡萄酒原产区的餐厅，只要花 100 元左右就能享受到中价格带等级的葡萄酒了，真是令人羡慕啊！

◎高价格带

售价 200 元以上的高级葡萄酒。各位或许会想，"比 190 元贵 10 块钱，就会有如此大的差异吗？"刚好落在价格交界点的酒款虽然有些微妙，但可以保证的是，只要是进入高价格带的葡萄酒，其格调一定会有所提升。打开一瓶高价格带的葡萄酒，心情与时间都会变得特别起来，这无疑是最佳的款待方式。

但是，这里也会出现与本节主题相矛盾的内容，那就是设定价格的方式。葡萄酒的定价标准，其实不是单纯按照葡萄酒品质来定的。

拥有高知名度的葡萄园（产区）生产的葡萄酒，或是由高评价酿酒师所酿出来的葡萄酒，又或是著名的评论家给予高度赞赏的葡萄酒，买家们往往会争先恐后地抢购，而这些葡萄酒的身价自然会跟着水涨船高。

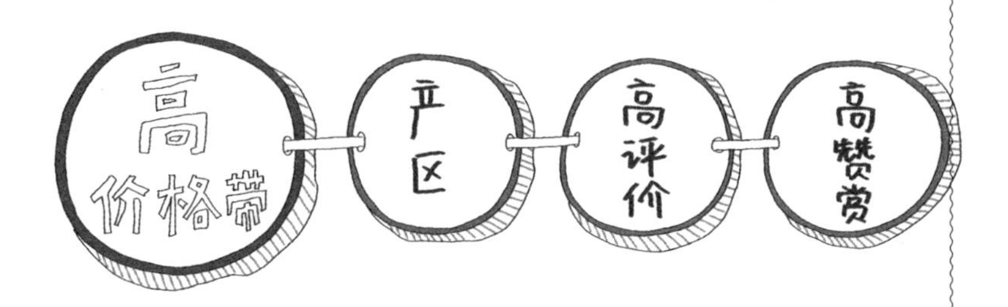

最后想跟大家谈谈各个价格带的葡萄酒与菜肴的搭配方式。按照世纪美食家——科农斯基[①]的观点，菜肴可大致分为：

①家庭菜肴（每日的餐饮）

②地方菜肴（小餐馆等提供的餐饮）

③高级菜肴（餐厅等提供的餐饮）

以上三大类别。

葡萄酒也能分别搭配上述各类菜肴，成为每日葡萄酒、周末（假日）葡萄酒，以及为特殊场合锦上添花的葡萄酒。

饮用葡萄酒时若能配合好TPO（时间、地点、场合），即能加倍享受品酒的乐趣。

---

① Curnonsky（1872—1956），以记者身份活跃于20世纪初，是法国享誉盛名的美食家，本名为莫里斯·埃德蒙·萨扬（Maurice Edmond Sailland）。担任《米其林指南》的顾问，将美食与旅行结合。

8

黑皮诺
Pinot Noir

妖艳

妖艳的香气与天鹅绒般的口感

勃艮第的葡萄田“科多尔”

别名

Spätburgunder、Pinot Nero、Pinot Noirien、Franc Noirien、Morillon Noir、Savagnin Noir

原产地

一般认为是东欧。

历史相当悠久，可追溯至罗马时代。

主要栽种区域

法国（勃艮第、香槟）、德国、意大利北部、瑞士、美国（加州、俄勒冈州）、澳大利亚、新西兰、智利。

特征

形似松果（Pommes de Pin），故名黑皮诺（Pinot Noir）。

果皮偏薄，果汁的颜色偏淡（呈半透明）。

属于早熟型葡萄。

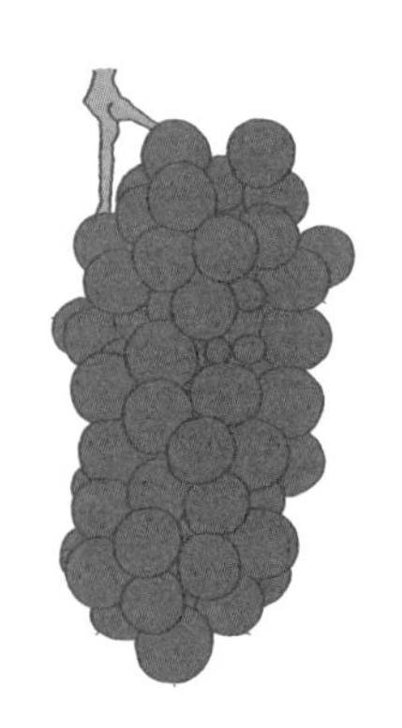

棘手的葡萄品种——黑皮诺

黑皮诺与赤霞珠、梅洛等葡萄不同，不能与其他品种的葡萄混合，需单独酿制成葡萄酒。黑皮诺受全世界的葡萄酒爱好者喜爱，尽管声名远播，但全球栽种量却不多。

黑皮诺不敌炎热干燥的气候，但也不能种植在太过严寒、湿度过高的地区，且对风、雨的抵抗性都很低。换言之，黑皮诺十分容易受到环境左右，容易因干燥造成生长停止，因多雨造成枝叶过于繁茂，这些都是葡萄成熟过程中的负面因素。

特别是勃艮第地区的气候不稳定，当地的酿酒师们每天都得忙着应付变化剧烈的气候，可以说是非常辛苦。我曾造访某座勃艮第酒庄，在我抵达后，女主人满脸担忧地迎接我道："他刚刚急急忙忙地跑到田里去了。"不久之后，只见酒庄主人浑身是泥地回来了。"叶子长得太茂盛了……天气又要变了，必须赶快修整才行！"真是一刻都不得松懈。

其他产区虽然偶尔会有连续的好年份，不过想在勃艮第接连两年收成无瑕疵的黑皮诺，几乎是不可能的事情。黑皮诺就是如此棘手的葡萄品种。但也因为如此，在收获品质优良的黑皮诺时，心中的喜悦也会膨胀数倍。

黑皮诺会直接反映出产区的个性，即使同为勃艮第地区，北部的夜丘与南部的伯恩丘、热夫雷－香贝丹与邻近的莫瑞圣丹尼，这些产区所生产的黑皮诺都会有所差异。就算在同一个村庄里，纵使两块葡萄田近在咫尺，每块葡萄田都风格迥异。当然，波尔多、加州等产区也都具有这样的差异性，但葡萄田个性如此鲜明的产区，仍然非勃艮第地区莫属。而最能展现出多样化个性的葡萄品种，正是黑皮诺。

拥有天鹅绒般的口感——黑皮诺的气味

黑皮诺最明显的特征是馥郁又广阔的香味。许多黑皮诺爱好者在将酒杯凑近鼻子时，都会沉醉于香气环绕的氛围中。

这是一种妖艳的香气。具现代风格的勃艮第葡萄酒多半拥有强烈的浓缩感、香气封闭，具传统风格的酒款则有着让品酒者心醉的魅力。黑皮诺就是一款能让人享受到香气的葡萄酒。

让人难以断定香气类型的葡萄品种，也正是黑皮诺。原因在于黑皮诺的特性会反映出产地的个性，也就是说，不同产地的黑皮诺，其个性也会有所不同。

说到黑皮诺的果实香味，分别有带着覆盆子香气的酒款、带着黑樱桃香气的酒款、自年轻就飘着红茶或香烟味道的酒款，以及宛如牡丹或天竺葵等鲜花般的酒款等。其他还有能让人联想到铁质（动物性香气）或辛香料的酒款、具有矿物味（土的味道）的酒款等。

尽管黑皮诺的个性千变万化，却也不失明确的同一性质。只要品酒者记住黑皮诺的性质，就算无法辨别香气的真身，也能判断出正在饮用的酒是黑皮诺。至于黑皮诺的同一性质，无非就是“妖艳”。

黑皮诺的味道也有明确的个性，那就是在嘴里扩张的丰盈口感，以及极为细致的涩味。提到丰腴的酒体，各位或许会认为与梅洛无异，其实不然。黑皮诺的口感并非梅洛那般厚实有分量的肉食感，而是轻柔地延展开来。黑皮诺的口感就像飘浮在口中一般，令人心旷神怡，而其香气的扩散方式差不多也是如此。

此外，自古勃艮第的红葡萄酒就被评为“口感绝佳”，甚至有人形容“就像穿着天鹅绒裤的幼年基督自喉头缓缓而降”，这是个多么富有想象力的法式评论啊！使用“天鹅绒般”的表现手法，即是在形容“涩味”。黑皮诺的涩味相当细致，特征为柔和的触感，仿佛在抚摸天鹅绒或丝绒一般。

来杯葡萄酒休息一下

8 微气候

Microclimate

“沃恩－罗曼尼村里某个区域的土壤里似乎有着特别的矿脉。”据传，勃艮第的修道士曾留下这段记载。中世纪时，修道士们会自行酿造葡萄酒，用于基督教的信仰与仪式，以及宴请朝圣者们。

耕田、栽培葡萄、收成、酿造葡萄酒，在这段作业过程当中，修道士们会找到“优良的区域（田地）”，并以石块砌成围篱，用来区分要献给教宗、国王的葡萄酒原料，而这就是葡萄田（climat）一词的来历。

即使在修道院酿酒的时代结束之后，人们仍不断探求新的葡萄田，葡萄田也开始出现等级之分。我们可以用海拔高度来解释葡萄田的等级，海拔 240 米以下的平地为村庄级，海拔 240 ~ 280 米的斜坡为一级葡萄园（Premier Cru），海拔

260 ~ 300 米以上为特级葡萄园（Grand Cru）。

除了海拔、葡萄田的差异外，更小区域范围内还存在各种微型气候的差异，这被称之为“微气候”。栽种葡萄的位置，葡萄树与葡萄树之间的距离，小至每株葡萄的间距，都算在这般微小的范围内，空气、气温、湿度、微生物等皆会有所变化。尽管是人类难以感受到的微小差异，却会明显影响到葡萄的品质。

光是漫步在勃艮第的葡萄田里就能明白，哪怕只是距离特级葡萄田仅三步之遥，就会被划到不同的等级里，种出来的葡萄也是天差地远，多么不可思议啊！

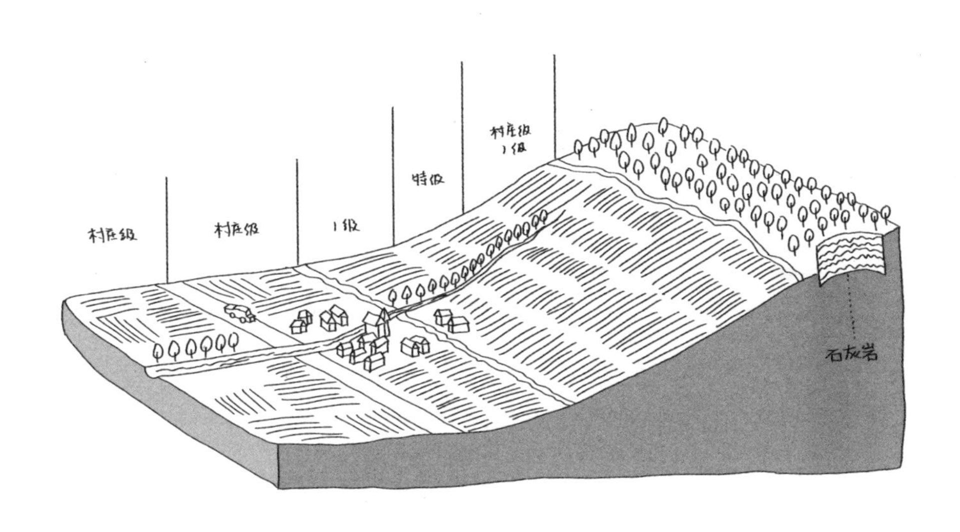

世界各地的黑皮诺

黑皮诺跟雷司令一样，适合在较为冷凉的地区生长，比如法国的勃艮第、阿尔萨斯、卢瓦尔河、香槟等气候寒冷的产区。瑞士及德国皆广泛栽种黑皮诺，而这两个国家也同属冷凉产区。

美国加州的索诺马、卡内罗斯、圣塔巴巴拉，俄勒冈州，澳大利亚维多利亚州的雅拉河谷，以及新西兰的中奥塔哥、马丁堡等地皆能栽种出品质优良的黑皮诺，而这些产区全都是知名的冷凉产区。

在全世界各国，黑皮诺产区正在不断增加。光是这几年，有些国家的黑皮诺栽种面积就已经成倍增长。此外，日本的北海道及青森县也都有种植黑皮诺，虽然目前的栽种面积不大，但发展潜力绝对值得期待。

能品尝到黑皮诺风味的 10 支酒

- 热夫雷－香贝丹（法国）——La Gibryotte
- 香波蜜思尼（法国）——Jean Jacques Confuron
- 冯内侯玛内（法国）——Michel Gros
- 伯恩（法国）——Louis Jadot
- 阿尔萨斯（法国）——Marcel Deiss
- 桑塞尔（法国）——Alphonse Mellot
- 俄勒冈（美国）——Cristom
- 索诺马（美国）——Schug
- 雅拉河谷（澳大利亚）——Coldstream Hills
- 中奥塔哥（新西兰）——Mt Difficulty

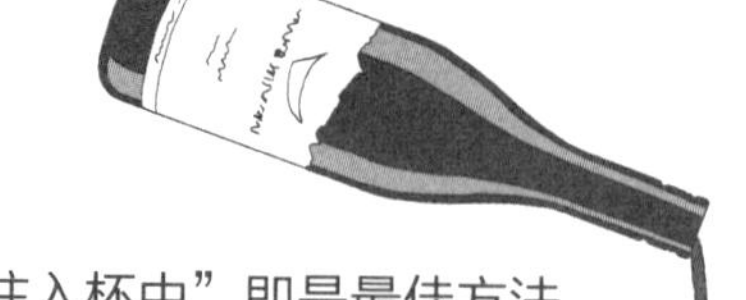

黑皮诺的侍酒法——“注入杯中”即是最佳方法

黑皮诺的侍酒法乍看之下可说是简单至极，几乎没必要进行醒酒。不必醒酒的原因与梅洛相同。但是，在选择酒杯方面，我认为应使用有勃艮第酒杯之称的气球型酒杯，才能让人毫无阻碍地品尝到黑皮诺丰盈的酒体。至于酒温，将黑皮诺从酒柜中取出后(16℃)，待其自然回温即可。

由此可知，黑皮诺的侍酒方法很简单，将之从酒柜中取出，开瓶后注入杯中，仅此而已。以前的我总是有这样的烦恼与不安：“勃艮第的特级葡萄酒明明如此昂贵，只是它打开后直接倒进杯子里，真的妥当吗？”

曾有客人预约了一瓶罗曼尼·康帝，听说他是为了犒劳自己一整年的辛劳，并激励自己“一定要更加努力，明年才能再来享受罗曼尼·康帝”！我第一次遇到抱持着如此强烈信念的客人，但是我却没有任何帮得上忙的地方，因为罗曼尼·康帝既不需要事先开瓶，不需要醒酒，也不必挑选酒杯。以罗曼尼·康帝侍酒时，若坚持加入自己的意见，简直可谓愚蠢至极，所以我实在是无计可施。

“这样可以达到客人的预期吗？”

顺利开瓶后，我战战兢兢地试饮了一口，那风味平衡的味道实为笔墨难以形容。“原来这就是罗曼尼·康帝啊！”我的心里充满了赞叹与不安，同时判断目前的酒温正是最佳适饮温度。于是我征得客人的同意，不将酒瓶置于桌上，而是放回酒柜，侍酒时先将酒杯拿回酒柜，倒入酒后再端送给客人。就算到了现在，我仍无法断定这样的侍酒方式究竟妥当与否。

不过，当时这位客人感激地对我说："没想到你为了我，这么用心！"

现在的我会参考自身经验、与酿酒师们交流过的内容，找出每款葡萄酒最合适的侍酒方式。

优秀的酿酒师表示："收获品质优良的葡萄后，酿酒作业只需要顺其自然而行即可，不需要多余的操作。"

既然如此，那么优质葡萄酒的最佳侍酒法，就是屏除一切人为操作，诚心诚意地将葡萄酒注入杯中。而最适合这种侍酒方式的葡萄酒，正是黑皮诺。

勃艮第葡萄酒让侍酒师一个头两个大

日本的葡萄酒迷们真的非常热爱勃艮第葡萄酒，一旦葡萄酒杂志里缺了勃艮第特集，那一期的销量恐怕都会不太乐观。就连餐厅举办的勃艮第特别活动，也都深受饕客们欢迎。

其实我并不认为勃艮第葡萄酒的个性鲜明（明快）到足以让大家一窝蜂地去迷恋。不过呢，我个人也是勃艮第葡萄酒的爱好者之一。

那么，为什么我会出现如此矛盾的想法呢？因为大众喜爱的红葡萄酒应该是"浓郁的葡萄酒"，也就是拥有浓缩的香气、丰腴的酒体，以及强劲涩味的葡萄酒。但是，勃艮第葡萄酒几乎没有任何一点相符，甚至是反其道而行。听了他人的品酒心得后，我心中的困惑不减反增。

"颜色鲜明，香气华丽，带有覆盆子香气，还有些许花香。味道以酸味为主，酒体适中，涩味不明显……应该是勃艮第的黑皮诺。"

咦？这怎么听都不像在形容有魅力的葡萄酒啊！要说这是在形容 100 元左右的便宜红葡萄酒我也信。

然而，人们之所以为勃艮第葡萄酒心醉，其实是由于其味道的层次感、致密度与芳香。勃艮第葡萄酒拥有难以言喻的魅力，而这也更凸显了侍酒师需扩充词汇量、加强表达能力的重要性，毕竟侍酒师还是得用语言来介绍葡萄酒。

勃艮第葡萄酒的佐餐方式也有一定的难度。勃艮第的地方菜肴有红酒烩鸡（Coq Au Vin）、红酒炖牛肉（Boeuf Bourguignon）、红酒佐水煮蛋（Oeuf en meurette）、西芹火腿冻（Jambon Persillé）等，皆看似美味无比，且全是味道扎实、厚重的菜肴，应该都能与勃艮第葡萄酒交织出绝妙的双重奏。

但是问题来了，大部分的餐厅几乎不会供应这些菜肴。当今的饮食主流为讲究食材的佳肴，比起炖菜，绝大多数的厨师都偏好更为洗练、加热时间更短（更柔和）、酱料更少、能够更轻松完成的菜肴。

这是我跟勃艮第酿酒师在某家知名餐厅吃晚餐时发生的事。该餐厅供应极为出色的菜式，但遗憾的是，这些菜肴并无法与葡萄酒达到共鸣。

高级的洋蓟是法式菜肴中特有的蔬菜，但配上勃艮第葡萄酒后，其口感反而变得苦涩；鱼类菜肴一般佐有水芹与含橄榄油的酱汁，但水芹青涩爽口的味道与葡萄酒的风味并不相搭，橄榄油会让葡萄酒与菜肴毫无交集；有着一层完美焦黄色的烤乳鸽与柠檬绝妙结合，但柠檬却会将勃艮第葡萄酒细腻的涩味转换成令人不快的味道。

让勃艮第葡萄酒迷垂涎不已的珍宝级葡萄酒，配上厨艺高超的主厨用高品质食材精心烹调的菜品，不但没有让我感受到这是一顿多棒的晚餐，还让我遗憾到了极点，就像明星夫妻结婚没多久后，就因理念不合马上离婚了一样。

勃艮第葡萄酒的自我主张强烈，个性甚是孤高，与之搭配的菜肴如果也带有明显的独特风味，两者不但无法产生交集，甚至还有可能互相冲突。

在日本侍酒师协会的会员杂志里，有一个名为“菜肴与葡萄酒的美味关系”的连载企划，通过实际试吃、试喝，验证菜肴与葡萄酒的相容性。此企划大致的内容为：先选定主题食材，以各式各样的方法烹调，或是佐以不同的酱料烹煮，再搭配多款不同的葡萄酒品尝。然而，轮到勃艮第葡萄酒的时候，往往会陷入苦战，特别是法国南部、地中海风味的菜肴，与勃艮第葡萄酒几乎完全不搭。

能与勃艮第完美搭配的食材主要有马铃薯、香芹、培根、洋葱与蘑菇。无论是鸡肉、牛肉还是猪肉，只要配上这些食材，即能缓缓带出勃艮第葡萄酒的风味。添加鲜奶油或奶油的菜肴也与勃艮第葡萄酒十分相搭，因为鲜奶油与奶油能让勃艮第丰盈且具分量的味道更显芳醇浓郁。

勃艮第葡萄酒的最佳侍酒法并非着重于醒酒、酒杯及酒温，侍酒师必须琢磨自己的表达能力，时常与厨师共同讨论，费尽心思寻求更完美的菜肴与葡萄酒搭配。总结为一句话，侍酒前的准备工作才是最重要的。

专栏 ⑧

菜肴与葡萄酒的搭配方式

只要一提到葡萄酒，“搭配菜肴”这个词总会理所当然地随之而来。就算不是葡萄酒，我们也经常能听到“喝威士忌就要配这个”“日本酒配这道小菜最棒了”“烧酒要配……”等等，每种酒类的爱好者都会有自己“心仪”的佐餐方式。

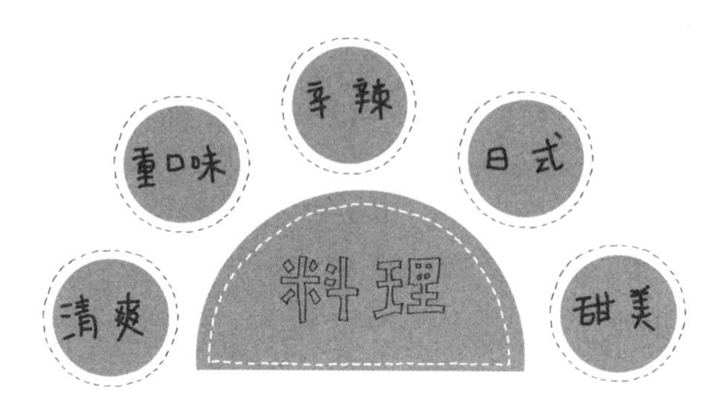

然而，上述搭配法都是靠“下酒菜”来彰显酒类的美味口感，并非是由酒类本身来“提升菜肴的美味程度”或“加强菜肴的风味”，所以我们也可以说，葡萄酒是一种能让菜肴的美味程度更上一层楼的工具。

各位应该有听过法语里“mariage”这个词吧？原本是“结婚”之意，形容用葡萄酒搭配菜肴就像两者“结婚”一样。mariage 虽然是个相当富有法式风情的表现手法，但法国的侍酒师其实不太使用这个词语。

“结婚”并不代表双方一定百分之百契合，对吧？特别是在离婚率居高不下的法国。假如菜肴和葡萄酒离婚了，那还真是令人困扰呢。

因此，法国人会使用“harmony（融洽、和谐）”或“accord（一致、协调）”来形容菜肴与葡萄酒的组合。我个人也认为这两种表达方式比 mariage 更恰当。

菜肴与葡萄酒的搭配方式可略分为：

1 个性相近、风味相似的菜肴与葡萄酒

2 地方菜肴与当地的葡萄酒

这两大类。

前者意指清爽的菜肴配清新的葡萄酒、重口味的菜肴配醇郁的葡萄酒、辛辣的菜肴配辛香的葡萄酒，选择风味相似的菜肴与葡萄酒进行搭配组合。

至于后者，几乎所有的菜肴源头都来自地方。无论是法国菜肴、巴黎菜肴、波尔多菜肴、普罗旺斯菜肴，还是现代厨师烹调的菜肴，其灵感全都发源于某个地方的地方菜肴。诞生于菜肴出生地的葡萄酒，当然能与当地的菜肴产生共鸣。

照这样看来，我们是否需要在看到菜名的时候，马上联想到其发源地呢？有这种能力当然最好，但应该没那么容易吧！就算是专业的侍酒师，恐怕也不会懂那么多。

不过，如果能了解餐厅的特色菜肴，或是问出厨师的海外研修地点，就等于掌握了极为关键的线索。举个例子，我任职的 Restaurant-I 的老板主厨同时在法国尼斯经营餐厅，由此可知，最适合我们餐厅的佐餐葡萄酒，正是普罗旺斯葡萄酒。

那么，我们要如何确认菜肴与葡萄酒是否相配呢？让我来教大家判断的方法吧！

仔细咀嚼菜肴，使其风味在口中完全扩散开来，接着立刻饮用葡萄酒，口腔内将会充斥着葡萄酒的味道。葡萄酒入喉一段时间后，若能再度涌现出菜肴的风味，就代表葡萄酒能让菜肴余韵悠长，也就是说此葡萄酒与菜肴极为契合。若菜肴的风味未能再度涌现，就代表葡萄酒的味道太过强烈了。

此外，若葡萄酒让菜肴的味道变酸、变苦，代表两者的契合度不佳；若葡萄酒让菜肴的味道更为圆润、柔顺、甘甜，代表两者实属天作之合。

当你在享用美食及葡萄酒时，若还记得本节的内容，不妨亲自试试看哦。

9

西拉
Syrah

自在

时而洗练、时而强劲、变幻自如的葡萄品种

艾米达吉的小教堂

别名

Shiraz、Bragiola、Neiret di Saluzzo、Candive、Hermitage、Serene、Sirac

原产地

一般认为西拉的故乡是葡萄酒发源地——高加索地区的设拉子（Shiraz）。

也有人说是源自西西里岛上的锡拉库萨（Syracuse)。法国则认为是由十字军东征归来的骑士斯坦林伯格（Gaspard de Sterimberg）自罗讷河地区的艾米达吉携回。

主要栽种区域

法国、意大利、希腊、澳大利亚、美国加州、阿根廷、南非、巴西、新西兰。

特征

穗中偏大，果粒紧密相连。

果实小、果皮偏薄、颜色深。成熟期不早也不晚。

若未好好修剪，会造成收获量过剩。

不适合栽种于肥沃的土壤。

越发洗练、变得更现代化的葡萄品种

过去，西拉的个性强烈，总给人难以亲近的印象，但在开创新时代的各方酿酒高手们的努力之下，西拉葡萄酒开始在世界舞台崭露头角，西拉葡萄也因此声名远播。

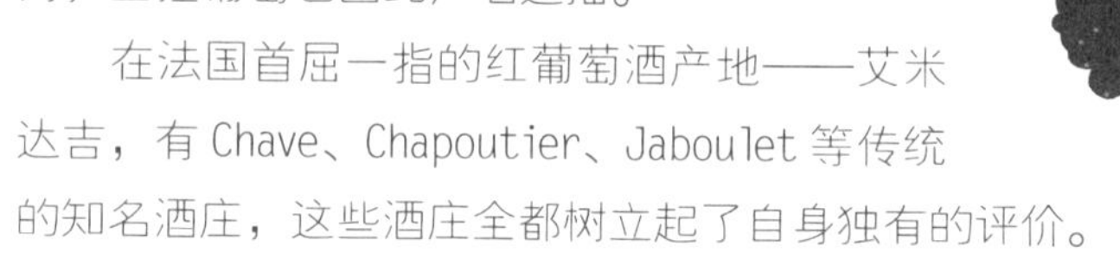

在法国首屈一指的红葡萄酒产地——艾米达吉，有 Chave、Chapoutier、Jaboulet 等传统的知名酒庄，这些酒庄全都树立起了自身独有的评价。

在艾米达吉北部有个名为“罗第丘（Cote Rotie）”的葡萄酒产区，位于此地的吉佳乐世家酒庄(E. Guigal)曾掀起一波技术革新。吉佳乐世家酒庄推出售价高于艾米达吉的葡萄酒，成了全世界注目的焦点。此外，在罗第丘地区，青年酿酒师辈出的风气鼎盛，要说是罗第丘的酿酒师们为罗讷河地区的葡萄酒增添了“洗练”与“现代感”也不为过吧！

让小面积葡萄田——科尔纳斯（Cornas）一举成名的功臣，是当地的哥伦布酒庄（Jean-Luc Colombo）。以前的科尔纳斯不要说在法国了，就连在罗讷河地区，也只是个名不见经传的小地方。

传统的酿酒方式固然能发挥西拉的个性，但改用现代方式酿造后的成效更为惊人。这点从罗讷河地区的革新风潮就能清楚地看出。

奔富酒庄（Penfolds）推出的红葡萄酒“Grange Hermitage”让澳大利亚跻身国际市场。这款酒的原料就是从法国传入的西拉葡萄，创始者是奔富酒庄的酿酒师麦克斯·舒伯特（Max Schubert），他也因此被誉为“澳大利亚葡萄酒的先锋”。自 Grange Hermitage 诞生之后，西拉葡萄酒就成了澳大利亚的招牌。

变幻自如——西拉的气味

西拉的故乡是位于法国罗讷河地区中心的艾米达吉。艾米达吉葡萄酒的颜色就像带着漆黑色调的石榴石，透着明显的黑胡椒香气，特征为复杂如铁锈般的矿物味，且酸味、酒精浓度、涩味皆保持完美的平衡状态。而西拉也属于这类风味扎实的红葡萄酒之一。

艾米达吉陡峭斜坡的葡萄田

但是，上述内容皆为含有丰富的铁质、地处陡峭斜坡的“艾米达吉葡萄园”的个性，并不代表“西拉”这个葡萄品种就一定带有黑胡椒及铁锈的风味，比如位于罗讷河上游流域的罗第丘，此地的西拉就不会带有铁锈的气味。至于位于罗讷河下游流域的科尔纳斯，此地的西拉风味更为圆润。虽说西拉的个性鲜明(容易形容)，但西拉就像黑皮诺一样，属于能够反映出产区个性的葡萄。

西拉跟赤霞珠一样耐热、耐干燥、耐强风，在罗讷河地区以外的地方也拥有广大的产区，每个产区都有自己独特的个性，这也成了西拉葡萄酒的有趣之处。西拉可以混合其他葡萄一同酿酒，普罗旺斯地区会用西拉来加重葡萄酒的色调及涩味，朗格多克地区则会用西拉来调节葡萄酒酸味的平衡感。

世界各地生产的西拉都拥有自己独特的个性。加州人称西拉为 Petite Sirah，此地的西拉能酿成拥有黑樱桃果酱风味、酒精浓度偏高的葡萄酒。澳大利亚人称西拉为 Shiraz，那里的西拉酿成葡萄酒后带有巧克力香及桉树的气息。

“变幻自如”无疑是最适合用来形容西拉的词语。

来杯葡萄酒休息一下

9 辛香料的香气

Flavor of spices

大概 20 多年前，我初次听闻“带有辛香料味的葡萄酒”这个说法，那个时候，我所受到的冲击几乎无法用语言来形容，毕竟当时的我连“能用莓果味形容葡萄酒”都不晓得。

一无所知的我会感到困惑也是情有可原。但事实上，就连不少专家都无法马上体会“带有辛香料味的葡萄酒”的含义。毕竟在大多数人的观念里，应该都会认为“辛香料＝辛辣”吧。

在我第一次听到“带有辛香料味”这个说法，并过了很长一段时间后，日本才开始从世界各地引进各种辛香料，原本最广为人知的辛香料其实只有胡椒跟辣椒而已。我实在很难想象味道辛辣的葡萄酒是什么样的味道呢！

葡萄果实本身的香气，也就是所谓的“第一层香气”多以果香及花香为主，这类香气主要来自葡萄的果皮及果肉。然而，葡萄果实里还有另一个会产生香气的部位，那就是种子。

辛香味是植物的果实、种子或球根碾碎后散发出来的味道，所以葡萄酒里会有辛香味其实是再自然不过的事了。

并非所有的葡萄都会带有辛香料的香气。“果粒的大小”是决定葡萄个性的要素之一，而这点同样也是决定辛香料香气的重要因素。

若葡萄的果粒偏小，其果皮及种子（固体成分）会多于即将被榨成果汁（水分）的果肉，使得酿制完成的葡萄酒颜色深黑、风味更为浓缩、辛香味强烈、涩味也十分突出。赤霞珠与西拉是最具代表性的小型葡萄，用这两种葡萄酿成的葡萄酒拥有极深的颜色，还带着涩味及辛香味。

葡萄酒的香气会随着熟成一步步产生变化，果实的香气将逐渐减少，还会渐渐出现土壤、动物性的气味，但辛香味的变化幅度很低，无论是在酒龄年轻时还是熟成后，葡萄酒里都会透着辛香味。由此可知，辛香味就如同各葡萄品种的“签名”一般。

举例来说，赤霞珠带有丁香或肉豆蔻的香气，西拉带有黑胡椒（澳大利亚则是桉树）的味道，普罗旺斯地区生产的幕维得尔葡萄带有月桂叶或普罗旺斯香料（普罗旺斯地区的混合香料）的气味，薄酒莱地区的佳美葡萄拥有甘草的香气等，我们可以透过辛香料的香气推知葡萄品种的个性。

辛香料的香味成分主要来自酚类物质，葡萄酒的酚类物质多半萃取自果皮或种子。木桶也会影响葡萄酒的气味，例如橡木所含的酚类物质就会为葡萄酒添加丁香般的香气。

辛香料味能稳定红葡萄酒的香气，成为味道的重点所在，凝聚整体风味。其功效十分接近烹饪时添加的辛香料呢！

世界各地的西拉

如前所述，西拉的个性会随着产地不同而有所变化，但无论是何种个性的西拉，都拥有明确的风味。

南澳大利亚巴罗沙谷的西拉带有薄荷巧克力和桉树的馥郁香味，维多利亚州的西拉则能让人品尝到风味平衡的黑胡椒香气。

以往在西班牙及葡萄牙，西拉只是辅佐用的葡萄品种（这两国都相当重视本土葡萄，故将西拉作为混调用葡萄），但近年来西拉的使用率也有逐渐上升的趋势。

在南非、南美、印度及泰国等地，西拉同样会展现出鲜明的当地个性。

能品尝到西拉风味的 10 支酒

- 艾米达吉（法国）——M.Chapoutier
- 克罗兹－艾米达吉（法国）——Paul Jaboulet
- 科尔纳斯（法国）——Jean-Luc Colombo
- 科尔纳斯（法国）——Auguste Clape
- 罗第丘（法国）——Guigal
- 罗第丘（法国）——René Rostaing
- 斯泰伦博斯（南非）——Neil Ellis
- 巴罗沙谷（澳大利亚）——Penfolds
- 维多利亚州（澳大利亚）——Tahbilk
- 玛格丽特河（澳大利亚）——Vasse Felix

西拉的侍酒法——无特定规范，取决于侍酒师的技巧

随着搭配的菜肴不同，西拉的侍酒方式也会跟着改变，其侍酒法之多变，几乎没有任何葡萄酒能与之并驾齐驱。以罗讷河地区为例，艾米达吉、圣约瑟夫出产的西拉适合用郁金香型酒杯盛装，罗第丘、科尔纳斯出产的西拉则适合用气球型酒杯盛装。艾米达吉的西拉必须先行醒酒，圣约瑟夫及罗第丘的西拉视情况而定是否醒酒，科尔纳斯的西拉若无酒渣就不必醒酒，但不同的酿酒师、不同的酒款，有时也会进行醒酒。

西拉葡萄酒可以搭配肉质上等的小羊肉、小牛肉，或是鹿肉、猪肉等野味。有些西拉适合搭配无酱汁的菜肴，有些西拉则一定要搭配酱汁菜肴才合适。

我们不能光用“西拉”这个葡萄品种来概括所有的西拉葡萄酒，而是要按照西拉葡萄酒的种类改变侍酒方式。也就是说，西拉是能考验侍酒师品酒及侍酒功力的葡萄酒，值得各位侍酒师放手挑战。

西拉真正的价值在于熟成

“能尝到强烈的酸味、涩味及酒精感，带有极具个性的辛香味，骨架稳固的葡萄酒，非常适合与撒满胡椒、佐有血鸭酱汁的鸭肉菜肴一同享用。”

这是我以前常挂在嘴边的推荐词。我曾在银塔餐厅担任侍酒师。银塔餐厅有一道名为“血鸭”的特色菜肴，我时常能看到客人与血鸭奋战的景象，客人总会露出“虽然点了但实在是没有勇气入口”的表情，凝望着血鸭。身为侍酒师的我，自然希望借由极具个性的西拉葡萄酒，协助客人一尝血鸭的美味。因此，每当遇到这种情况的时候，我总会建议客人搭配艾米达吉葡萄酒品尝。

换个角度来说，我认为个性鲜明的艾米达吉葡萄酒只有与血鸭酱汁相搭才能够大放异彩。在我看来，“难下咽的菜肴 × 难入喉的酒＝绝妙合奏”，只不过好像没什么夸赞之意就是了。

在我的印象当中，艾米达吉葡萄酒一直都是最棘手的西拉葡萄酒，直到遇见某款令我饱受冲击的葡萄酒之后，这个印象反而突显出我的无知。

这款葡萄酒是由嘉伯乐（Jaboulet）酿造的 Hermitage La Chapelle（艾米达吉小教堂红酒）。我不太记得确切的年份了，只记得是熟成 15 年的酒款。

这款酒让我大受打击。

印象中这款酒的颜色仍保有一定的浓度，香气也无氧化的状况。个性鲜明的胡椒、铁锈味交织在黑胡椒般的果实香气与土壤气味中，构成了鲜明的优雅味道。

“我原本以为熟成后只有黑胡椒的香气不会减少（仍旧鲜明），但没想到居然连铁锈味也会在熟成过程

中逐渐加重！”在震惊之余，也有一股感动将我包围。

被我视为“难以入喉的葡萄酒”的艾米达吉葡萄酒，原来能通过熟成，顺利变身成既优雅又风味均衡的酒款。就像年轻时香气封闭的波尔多葡萄酒，会随着熟成逐渐转变为雅致的高贵葡萄酒一样。我明明了解这一点，却仍将自己经验不足的事实曝光了出来。在那之后，仿佛像要证明自己的失误一般，我开始频繁接触克罗兹－艾米达吉、罗第丘、圣约瑟夫、科尔纳斯等类型的葡萄酒。

用西拉葡萄酿制而成的葡萄酒，不一定全都能通过熟成转变为优雅的个性，但西拉葡萄酒拥有极高的陈年潜力，这点绝对是毋庸置疑的。

专栏 ⑨

厨师与侍酒师的配合

我自认天生具有能与厨师打好关系的资质，因为我打出生起就一直跟厨师打交道，不对，更确切的说法是从小父母就想把我培养成一名厨师。

父亲至今仍在经营着一家中餐馆。母亲以前会到父亲的店里帮忙，还曾在福利机构的餐厅里掌厨。兄长曾在有“中华料理之神”美誉的陈健民手下学艺，有很长一段时间都在赤坂四川饭店担任厨师，现在依然活跃于厨师界。

我毕业后被分配到新大谷饭店。那时候，大厅的员工没人能跟厨师好好打交道。当时的厨师确实有些难相处，甚至有点瞧不起大厅的员工。

虽然大家都觉得厨师不好相处，但我却不这么认为。惹厨师骂的确是家常便饭，尽管如此，我仍自认为能与厨师保持良性的交流，自己应该算是个鹤立鸡群的存在。但当时的我完全没有想到，这样的资质能于往后的侍酒师生涯中派上用场。

既然葡萄酒的搭档是菜肴，那么侍酒师的搭档便是厨师了。倘若侍酒师无法与厨师建立起良好的信赖关系，就绝对无法完成侍酒师的使命。在深入了解厨师的过程中，亦能加深对菜肴的理解程度。

拥有完备的菜肴相关知识的人，即便仅仅耳闻菜名或食谱，也能找出与之相衬的葡萄酒。但是，光凭菜名及食谱，并无法得知厨师对此道菜的构思，也无法看出厨师着重使用的食材、调味，以及菜肴背景。

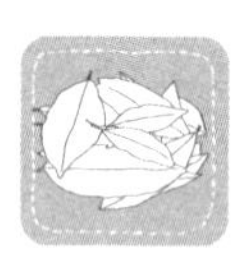

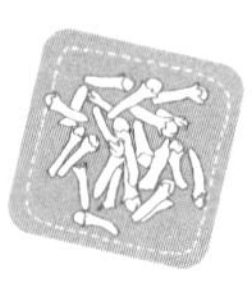

厨师的个性、想法，学习厨艺的地点，传授厨艺予他的老师、对他影响最大的厨师等，只要侍酒师掌握了这些信息，就能推导出与菜肴最相配的葡萄酒。

为此，我们绝对不能忽视人际关系的重要性。如果只是在需要帮忙或发生问题时才进厨房的话，就无法维持良好的人际关系。“我在这里做菜是因为我受雇于人，是因为工作所需”——即便不是主厨等级的厨师，也不会有任何一位厨师抱持着这种想法。每位厨师天天都在菜肴上倾注非比寻常的爱与热情。“这不就只是工作吗？”这句话绝对不能套用在厨师身上。

或许是因为我的父亲、母亲与兄长都是厨师的关系，所以我才能切身体会厨师的心情吧。接下来我要跟大家介绍一下欲与厨师建立信赖关系时需实践的重点。

Hi

◎打招呼

打招呼是维系人际关系的基本礼仪。不光是打招呼，而是顺道谈谈昨晚客人的感想与指教，当日预约客人的信息以及需要留意的重点。还可以简单说一下自己对搞活动的菜式或多人套餐的看法，最重要的是话题必须围绕在菜肴上，毕竟对厨师而言，菜肴就是绝佳的话题。

除此之外，自己最近造访的餐厅、看到的食材等也都能成为话题。甚至可以聊聊理想的工作状态、工作团队的情况和接下来的生涯规划等类似人生哲学的话题。

◎对厨师及厨房充满兴趣

对厨师、整个厨房的动态保持着兴趣，慢慢与自己的工作结合。

或许厨师正在厨房里开发新菜式，或许新来的厨师正在厨房角落清理新鲜的蘑菇。若能提早得知菜单更新的时间，就能事先安排好适合新菜单的葡萄酒。

◎试吃、试喝

“试吃新菜的时候一定要配上葡萄酒”——这一点非常重要，会给侍酒的过程与结果带来天壤之差。换句话说，只要侍酒师试吃了新菜，就有机会找到与菜肴完美搭配的葡萄酒，以及最适当的侍酒方式。

在试吃过程中，侍酒师可能会发现新增加的香草、蔬菜会让葡萄酒与主食材产生不协调感，葡萄酒的风味比预想的强烈，酱汁煮得不够浓稠，熟度不同就会产生不一样的协调感，虽然跟烘烤菜肴很搭，但配上炙烤菜肴会变苦等等。

有句谚语：“上帝存在于细节之中（God is in the Details）。”侍酒师放多少心思在细节当中，菜肴与葡萄酒迸出的火花就会有多美妙。当然，侍酒师也必须请厨师试饮葡萄酒才行。

菜肴与葡萄酒的和谐关系，很大程度上得益于侍酒师与厨师的配合度。

10

歌海娜
Grenache

浓缩

饱含地中海香气的葡萄品种

歌海娜

别名

Alicante、Bois Jaune、Cannonau 、Guarnaccia、Redondal、Tinto Aragones

原产地

西班牙阿拉贡自治区。

还有一种说法，认为原产地是意大利的撒丁岛。

于 15 世纪传播至欧洲各地。

主要栽种区域

西班牙（全国三分之一以上、地中海沿岸、里奥哈）、法国（普罗旺斯、朗格多克）、意大利（西西里、撒丁岛）、希腊、突尼斯、摩洛哥、阿根廷、秘鲁、乌拉圭、美国加州、南非、澳大利亚。

特征

穗大、粒中偏大且饱含水分。果皮偏厚。

生长时间长，属于晚熟型葡萄。能抗干燥及强风。

知名度高又易栽种，却止步于当地的葡萄品种

以全球栽种面积最大而夸耀于世的红葡萄——歌海娜，广泛种植于地中海沿岸地区。西班牙红葡萄酒的芳醇与浓厚，罗讷河流域、普罗旺斯的红葡萄酒强劲的酒体，以及意大利撒丁岛红葡萄酒洋溢着果实味的丰盈滋味，这些口感的幕后功臣全是歌海娜葡萄。酿酒师们能用歌海娜葡萄酿出洋溢着地中海风味的葡萄酒。

歌海娜适合用来酿制桃红葡萄酒，是法国南部、西班牙等地桃红葡萄酒的主要葡萄原料。此外，歌海娜也能用来酿造波特酒[①]等天然甜款葡萄酒。法国南部的巴纽尔斯和莫利在亚洲的知名度虽然不高，但这两个产区所生产的歌海娜天然甜款葡萄酒，于西班牙、地中海沿岸地区皆享有盛名。

歌海娜跟梅洛一样，拥有浓缩感及丰盈的口感，再加上歌海娜的产区几乎全属于地中海型气候，看似能在新世界[②]各国引领风潮，但事实上，歌海娜葡萄的产区仍只在地中海沿岸区域，歌海娜葡萄酒也不常以品种酒之姿态在新世界各国亮相。为什么歌海娜无法像梅洛或长相思那样扩大栽种面积、变得更受欢迎呢？这点真是不可思议。

其背后或许有种种原因，但我认为最大的问题应该在于歌海

---

① 葡萄牙北部生产的加烈葡萄酒。在葡萄酒发酵过程中添加白兰地，使葡萄酒停止发酵（酒精浓度高，发酵即会停止），从而酿出酒精浓度高，且同时保有甜味的葡萄酒。当地人自古就会将波特酒输往意大利等世界各国，使其名声远播，可以说是大航海时代的产物。

② 跟欧洲诸国相较之下，酿酒历史较短国家，如澳大利亚、智利等国。

娜的整枝方法[①]上。

培育歌海娜葡萄时，需使用杯形式整枝法，此整枝法相当特殊，除了欧洲以外（就连在欧洲也十分罕见），几乎没人使用。一般情况下，欲改种不同品种的葡萄时，只需要更换苗木即可，但若连整枝法都非换不可的话，可就不是件简单的事了。再加上杯形式整枝法无法用机器收获，大多需依靠人工，在葡萄田面积广阔的新世界各国，想靠人力采收绝非易事。

若以目前普遍使用的垣篱式整枝法来栽种歌海娜葡萄，恐怕会造成收获量过剩，到头来只会酿出酒精度数偏高、风味贫乏的葡萄酒。尽管歌海娜已迈入国际化，但无论是从历史、收获量，还是葡萄酒的品质看来，人们对歌海娜的印象仍是“地方色彩浓厚的地中海葡萄酒”。

① 葡萄属于藤本植物，能够自由变换整枝法，可以设置垣篱让葡萄结果，也可以搭建棚架让葡萄攀爬至上方结果。根据气候条件、地势、理想收获量、品质等因素不同，整枝法也会随之改变。垣篱式整枝收获的品质较佳，单株式整枝适合气温较高的地区。

浓缩感与柔顺口感——歌海娜的气味

若要用一个词来形容歌海娜的话，“浓缩感”绝对是最贴切的。我们能明显感受到歌海娜的个性，就像黑胡椒、黑樱桃利口酒般的气味，配上果酱的香气。浓缩感特别强烈的歌海娜葡萄酒，熟成后的香气甚至可能让人误以为是波特酒。就算产区不同，只要是歌海娜葡萄酒，其个性在某种程度上几乎完全一样，这点与西拉截然不同呢。

法国南部通常会用西拉混调歌海娜，西班牙则会用当地的“添帕尼优”混调歌海娜，照这么看来，歌海娜也能用来稳定葡萄酒的风味。

歌海娜能为葡萄酒增添果实香气，还能为葡萄酒点缀让人联想到甘草、生姜、龙胆根等中药的辛香味。收获量过剩的歌海娜几乎不会带有辛香的味道，所以辛香味也算是歌海娜的品质证明。

如前所述，所有酒龄尚浅的歌海娜，其个性都具有一定的稳定程度，接着再通过熟成往两个方向发展变化。

第一个方向是保持能让人联想到波特酒的浓缩感及强劲口感，此类型的气味以果酱香气为主，且留有鲜明的辛香味；另一个方向是发展成柔和轻盈的味道，此类型不适合用浓缩感来形容，口感较为柔顺，拥有如同勃艮第葡萄酒的个性。

来杯葡萄酒休息一下

10 涩味

Astringency

姑且不论酚类物质是否有益健康，对红葡萄酒而言，涩味绝对是不可或缺的风味要素。然而，涩味其实并不属于人类的味觉要素，而是触觉要素之一。既然如此，我们在品酒时该如何形容这种“触觉”呢？就让我来带大家掌握几个涩味特征吧。

①“收敛性强”

即为口腔内出现的收缩感，是最容易感受到的触觉状态。

②“粗糙感”

单宁含量高，口感粗涩的状态。涩味会长时间留存于牙龈周围。

③“滑顺”

酒体强度与涩味保持平衡，尽管涩味鲜明，但是入喉感相当舒适宜人。

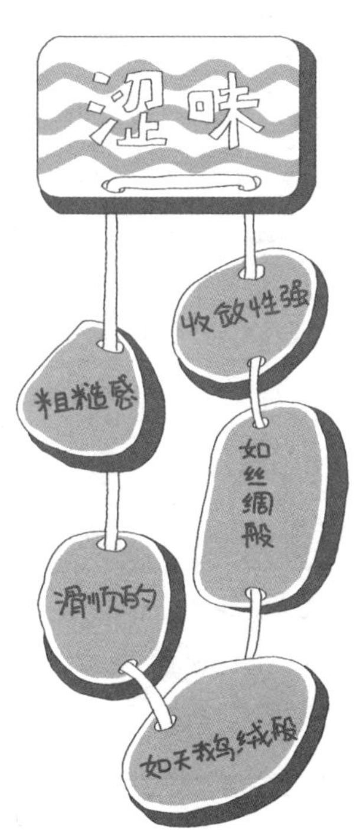

④“如天鹅绒般”

陈年潜力高，味道致密，成熟的单宁融于其中。如文字所述，就像在抚摸天鹅绒布一般。

⑤“如丝绸般”

在④的葡萄酒熟成之际，即能感受到此味道。毫无刺激，就像轻柔地覆于舌头与牙龈上一般，是最佳的涩味表现。

葡萄酒的涩味之所以会产生这些区别，主要受到三大因素影响，分别是葡萄品种的特性，葡萄（酚类物质）的成熟度，以及葡萄酒的熟成。

葡萄品种的特性包括葡萄果粒的大小、葡萄果皮的厚度、果肉是否含有单宁等，全都与单宁含量息息相关。

含糖量高低是判断葡萄成熟度的主要标准，但通过此数值并无法看出酚类物质的成熟度。日照量充足、含糖量瞬间提升（成熟）的葡萄，和日照量一般、长时间慢慢成熟的葡萄，虽然这两种葡萄的品种相同，其单宁质感却是天差地远。前者的单宁口感粗犷，后者的单宁则给人细腻的印象。

葡萄酒的熟成与氧气接触有关。在氧化的过程中，单宁会聚合、形成结晶，或是融于液体（葡萄酒）中。结晶化的单宁会沉淀于液体下方，使得葡萄酒的单宁含量减少。然而，若能让单宁融于葡萄酒的话，单宁的口感会更细腻。

由此可见，无论是单宁的质感还是含量，皆会大幅影响红葡萄酒的类型与品质。

世界各地的歌海娜

如前所述，歌海娜的栽种区域集中在地中海沿岸地区，且几乎不会单独酿成葡萄酒，大多会混合西拉一同酿制。

在法国，以亚维农为中心的周边区域，以及南部的罗讷河谷地区，皆有生产以歌海娜葡萄为主的红葡萄酒。普罗旺斯、朗格多克等地也有栽种歌海娜葡萄，但大多用来当作混调用的辅佐葡萄。西班牙的加泰罗尼亚地区，以及意大利的撒丁岛皆有出产香气馥郁的歌海娜葡萄酒。

属于新世界的南澳拥有高品质的西拉·歌海娜（用歌海娜与西拉混调）。在加州也有一座名为“Rhone Ranger”的酒庄，以南加州为中心，主打来自罗讷河地区的葡萄品种——也就是歌海娜葡萄，该酒庄也因此备受注目。

能品尝到歌海娜风味的 10 支酒

- 教皇新堡（法国）——Clos de l'Oratoire
- 教皇新堡（法国）——Chateau Rayas
- 吉恭达斯（法国）——Chateau de Saint Cosme
- 吉恭达斯（法国）——Goubert
- 凡度（法国）——Chateau Pesquie
- 巴纽尔斯（法国）——Mas Blanc
- 莫利（法国）——Mas Amiel
- 普里奥拉托（西班牙）——Alvaro Palacios
- 撒丁岛卡诺娜（意大利）——Argiolas
- 巴罗沙谷（澳大利亚）——Maverick

歌海娜的侍酒法——如何控制酒精风味?

虽然不能一概而论，但绝大多数的歌海娜葡萄酒拥有柔顺的涩味。虽然歌海娜的单宁含量丰富，但能不露痕迹地完全融入丰腴的酒体中，所以不会出现粗糙、干涩的口感。

至于酒杯，最好使用气球型酒杯来凸显歌海娜的酒体。以歌海娜侍酒时，需留意控制酒精风味的方法。歌海娜的酒精浓度高，若使用表面积偏大的酒杯盛装，会让酒精感过于沉重。因此，将酒注入酒杯后，必须先等上一小段时间（3分钟左右），再把酒端给客人，或是事先进行醒酒。将歌海娜醒酒是为了缓和刚入口时的锐利酒精感。

我个人不太喜欢前者的侍酒方式，所以我通常会视情况将歌海娜葡萄酒提前醒酒。

歌海娜葡萄酒适合搭配肉类菜肴品尝，与烤肉和炙烤菜肴都很搭，例如烤到有点焦的猪肉、羊肉、牛肉、小牛肉、鸡肉、香肠等，也就是 BBQ 菜肴。

侍酒师不能爱上葡萄酒?

常有人问我“你喜欢哪种葡萄酒呢？”在我脱口而出“香槟”后，脑中又会闪过：“啊，应该是勃艮第才对。”但当我准备更正答案之际，脑海中又跳出更多的想法：“不过最让我感动的是波尔多”“等一下，应该是意大利的葡萄酒才对，巴贝拉、桑娇维塞也不错，还有索阿维我也很喜欢啊”“加州也去好几次了呢”……

总而言之，什么样的葡萄酒我都喜欢。难道说我没有主见吗？其实我所接触的葡萄酒全都取决于“职场”这个特定条件。

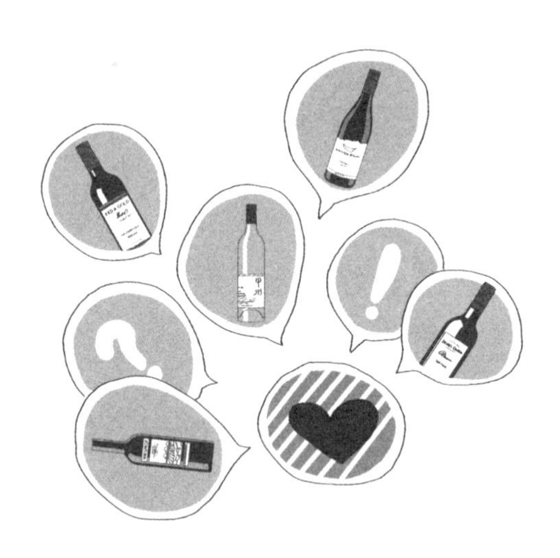

一开始任职于酒店的主餐厅时，我初次制作了酒单（其实不过是只有10款酒的迷你酒单）。当时的我喜欢意大利、西班牙及美国加州的葡萄酒。不，更正确的说法应该是我只对这些葡萄酒比较熟悉而已。

到了银塔餐厅时期，为了便于搭配餐厅的鸭肉菜肴，我经常推荐客人波尔多葡萄酒。转任 Beige Alain Ducasse Tokyo 后，由于管理整个餐饮集团的主侍酒师是勃艮第人，所以我也比较常接触到勃艮第葡萄酒。而 Alain Ducasse 厨师出身于法国南部，所以店内自然准备了不少罗讷河南部出产的葡萄酒。

至于我目前任职的 Restaurant-I，由于我们的主厨——松岛启介主要在法国尼斯经营餐厅，故店里大多是普罗旺斯葡萄酒，我也因此渐渐疏离波尔多与勃艮第葡萄酒了。

如此一回想，我发现自己跟歌海娜葡萄酒相处的时间最长，也最有缘。或许是因为歌海娜跟各式菜肴都能搭的缘故吧！

我立志成为侍酒师的契机，是我毕业后进入新大谷饭店工作时，结识了一位侍酒师前辈。在我们工作的餐厅，几乎每个月都会举办不同国家的主题活动，供应世界各国的葡萄酒。这位前辈往往会面露欣喜之色，开心地跟我们介绍每一款葡萄酒。

接着，我遇到了田崎真也先生。自从在某场法国葡萄酒的活动上见到田崎先生后，只要是他担任讲师的研讨会，我都会排除万难出席。尽管法国葡萄酒的种类繁多，但世界各地的葡萄酒原来都有共通之处啊！当时这般惊叹的心情，如今仍历历在目呢。

我最早并不是因为喜欢葡萄酒才决定当侍酒师的，只是想成为像侍酒师前辈一样的人，而这个初衷也成了近乎理所当然的观念。比如，由于那位前辈精通世界各国的葡萄酒，我也立志向他看齐，所以，“如果是法国葡萄酒的话，我绝对不会输给任何人”这样的想法，对我来说其实并没有太大的价值。

再加上自己的亲身经历，更让我觉得侍酒师不能爱上葡萄酒。这是为什么呢？因为侍酒师的使命是管理、销售葡萄酒，以及提供侍酒服务。葡萄酒既是商品，也是嗜好品。然而，“葡萄酒是嗜好品”这点其实是个很大的陷阱。

假设我特别偏爱勃艮第葡萄酒，那么当我在向客人推荐酒款时，可能会无意识地吹捧勃艮第葡萄酒，但客人不一定能认同我的观点。不仅如此，如果令勃艮第迷垂涎不已的葡萄酒只剩下3瓶库存时，我或许会萌生“不舍独生女”的心态，觉得卖掉太可惜了。在考虑葡萄酒与菜肴的协调性时，也很容易陷入“勃艮第葡萄酒与任何菜肴都能完美相搭”的自我认知中。但有些客人就是不喜欢喝葡萄酒，也有些客人就是想搭配啤酒。

侍酒师接待的每位客人，他们的价值观与嗜好可能都迥然不同，自然得站在客观的立场进行侍酒服务。“工作归工作，我自己会分清楚。”或许有些侍酒师会如此反驳我，但俗话说“爱情是盲目的”，有时候连侍酒师自己都很难察觉不当之处。

比起葡萄酒，我认为侍酒师更应该将情感倾注在“侍酒师”这个角色上。

专栏 ⑩

侍酒师应有的姿态

“侍酒师该如何定位自己呢？”总会有人问我这个问题，我也经常扪心自问。经营法式餐厅是件极其困难之事，举个最好的例子，即便是被誉为“领军人物”的知名餐饮集团的经营者，也不会轻易将事业版图拓展到法式餐厅的领域。

“不能光专注于葡萄酒，若对餐厅、组织无任何贡献，侍酒师将无法生存下去。”为了学习、研究经营方面的知识，我选择踏上餐厅经营之路。在世界知名的星级主厨 Alain Ducasse 与香奈儿合作开设的餐厅“Beige Alain Ducasse Tokyo”里，我累积了不少意义非凡的宝贵经验。从餐厅经营到实际营运，我在这家餐厅学到了多方面的经验，让我得以站在不同的角度观察“侍酒师”这份职业，明确了侍酒师的定位。

我得到的结论是“侍酒师应同为经理人”。简单来说，侍酒师需将自己的知识、技术与品位发挥到极致，从“侍酒师”的职业角度出发，参与餐厅的经营管理，并做出实质贡献。

我认为侍酒师不应该在专业领域里画地自限，所以我尝试了餐厅的经营工作。在担任管理职务之后，我发现了意料之外的事实——侍酒师的技术与知识，竟可以直接活用在餐厅的经营层面。

以品酒为例，侍酒师会通过品酒推测出此款酒适合在何时、何地、以多少的量推荐给什么样的客人，这些皆与市场因素相关。

此外，侍酒师制作酒单时需考量价格带、菜肴、服务、顾客阶层、地点等要素，这些都跟经营店铺的理论相通。葡萄酒的库存、原价、入货、结算等，皆与管理部门直接相关。至于葡萄酒学习与侍酒服务，则跟教育、培训相关。

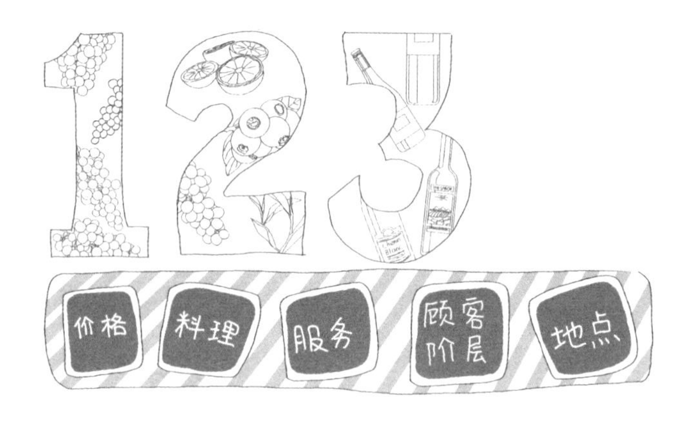

由此可见，我们可以从餐厅管理的角度来看侍酒师的职责。

最后，我在Beige餐厅共待了6年，曾任该餐厅的经理（营运）及总经理（经营），我得到的结论并非“侍酒师也有办法成为经理”，而是“侍酒师应该集中精神在自己的本分工作上”，因为侍酒师的工作与餐厅经营息息相关。

接下来，我想跟大家聊聊两位对我影响颇大的法籍侍酒师。

◎ Jean-Claude Jambon

Jambon 先生是 1986 年世界最佳侍酒师，我们在一场日本国内的比赛中结识，他当时受邀担任该比赛的评审。1998 年，我决定参加世界侍酒师大赛，打算先赴法国进修，在我跟 Jambon 先生表明我的想法之后，他二话不说答应让我待在他身边学习。

他是一位非常勤勉的人，自己参加比赛明明已经是 15 年前的事了，房间内却还保存着当时细心整理的大量资料。“我当时学了这些知识”“侍酒评审中出过这些题”“品酒的时候需要注意这个”……我们的话题永无止境。

Jambon先生的夫人发现我连吃饭时都一心只想着抄笔记，看不下去的她对自己的丈夫抱怨道：“Jean-Claude！你一直讲个不停，他都没办法吃饭了！”“没错，你可以边吃边听我说话。”Jambon 先生对我说。夫人听闻马上回嘴：“人家在做笔记，怎么边听边吃！”“那我先把这个话题讲完，剩下的吃完饭再讲。”为什么 Jambon 先生一家对我如此之好呢？我真的觉得非常不可思议。

有一次 Jambon 先生带我跟他的亲戚们一起烤肉。男士负责生火、烤肉，连 Jambon 先生也跟着忙得团团转。只见他从系在腰上的皮套里拿出田崎真也先生设计的侍酒刀，一脸开心地说道：“这是田崎送我的。”

当他拿起事先准备好的葡萄酒后，身上的开关就像瞬间被打开了一样，“这瓶酒是薄酒莱地区的……”尽管亲戚们对葡萄酒毫无兴趣，但大家心里明白，如果不听完这段演讲就无法畅饮，所以只好边发呆边竖耳聆听。过了一阵子，大家都吃饱喝足了，Jambon 先生对我说：“我们去散步吧！”

于是我们两人便一起走进从树间洒落着阳光的森林小径，接着他从口袋里拿出迷你版的葡萄酒书籍："我们开始吧。"

最让我难忘的插曲是在世界大赛结束后，我决定去一趟巴黎，当然也事前通知了 Jambon 先生。"OK，后天 17 点来找我，我会在餐厅等你。等等，还是 18 点好了，我还要把酒杯摆好。"

他真的是世界上最优秀的侍酒师。

就算是在自己待了二十多年的餐厅，Jambon 先生仍然十分讲究餐桌的布置。他的谦虚、认真与职业精神全都让我肃然起敬。每当回想起这段往事，我的眼角都会不自觉地湿润起来。

◎ Gérard Margeon

知名星级主厨Alain Ducasse在世界各地拥有近30家餐厅，而负责所有餐厅的葡萄酒，并管理侍酒师团队的人，就是 Gérard Margeon。

我与他第一次见面，是在 2004 年 10 月 Beige 餐厅开幕前，我出差至巴黎视察的时候。他拥有超过 180 公分的身高，以及不输给演员的帅气脸庞。由于此次造访巴黎事关 Alain Ducasse 再度打入日本市场的计划，所以大家都不免有些情绪化，气氛也比较紧张，但唯独 Margeon 先生没有感情用事，“好！来品酒吧！”他友善地对我说。不，品酒说不定是他要用来摸透我底细的手段。但事实上，他始终都用清晰的思路热情地阐述自己的职责、想法与正在埋首研究的课题，仅此而已。

当我们在某家餐厅的酒窖里品完酒之后，Margeon 先生对我说：“你们要在这里吃晚餐的，对吧？那我们一起喝餐前酒吧！我接下来还有工作，所以没办法陪你们一起吃晚餐了。”话音刚落，他便接着说：“石田先生，干杯！”他真是一位时刻保持待客之情与喜悦心情的人呢！

Margeon 先生非常珍视时间与自己的精力，他总是集中精神将自己最宝贵的东西化做使命，一点一滴注入杯中。

虽然他总是抱着一堆夹着各种提案的资料夹，却完全不见他匆忙的模样。就算餐厅里已客满，他仍能以优雅的动作为客人服务。一步接一步，稳扎稳打完成每项工作。

“接着是这个提案，如何？要做吗？”“不要吗？OK，那下次再说吧。”只见他边说边把资料夹里的纸条和文件撕了扔掉。若是跟下次活动有关的提案，他则会写下笔记，放进资料夹里：“下次就用这个吧。”

他喜欢早上开会，而且会议时间不会超过 1 个小时。会议结束后他会说：“那我要回酒店用电脑弄资料了，等我 15 点回来后，再开始准备今天晚上的活动。”

总而言之，他的做事风格可谓雷厉风行。他割除瓶口锡箔后绝对不会乱丢，就算作业台上只沾到一点点水滴，他也会马上擦干净。在他工作结束后，工作台反而变得比之前更干净，完全不需要进行任何善后工作。“如果没弄脏就不用再打扫了，如果没有乱丢就不用再收拾了。”把事情堆到最后才做会浪费时间，我从他身上学到了这个道理。

Margeon 先生非常重视品酒，每次见面他一定会邀我："来品酒吧！"

在我离开 Beige 餐厅后，仍然一直跟 Margeon 先生保持着联络。每次到巴黎拜访他时，他总会带我到 Plaza Athenee 的地下酒窖里，并在桌上摆放成排的葡萄酒，目的当然是为了品酒。

在某场以夏布利为主的招待会上，我与 Margeon 先生同属主办单位的一员。当天共备有 12 款夏布利葡萄酒，“还有 20 分钟才开场对吧？全部都试喝看看吧！”他说。

在招待会的开幕典礼结束后，他对我说："我先失陪了，接下来要跟巴黎的人开电话会议。”这个人好像完全不需要休息一样，我不禁这么想。

尽管如此，他还是邀我跟他一起去喝一杯放松下。工作结束后，我应约来到附近的酒吧，一进门就看见换了轻便服装的 Margeon 先生一派轻松、神采奕奕的样子。“我来付就好。”他一拿起酒单就像换了一个人一样，神情变得十分认真，经过深思熟虑后才决定点哪款酒。

Margeon 先生负责规划集团旗下所有餐厅的各种企划和活动，他能通过交涉以低到惊人的价格采购葡萄酒，还会找机会召集所有员工举办研讨会，还很积极地接受各界的采访。Margeon 先生惊人的存在感，深深影响着餐厅里的厨师与领班。

此外，我也很清楚 Margeon 先生得到了 Alain Ducasse 的全面信任。因为 Alain Ducasse 每次只要一看到他，总会在他耳边窃窃私语。

在我还不清楚侍酒师的职责为何，不熟悉整个业界，几乎还处于懵懂无知的状态下，当时才 26 岁的我就成了世界侍酒师大赛的日本代表，我几乎连思考“该如何定位自己”的余地都没有，就已经深陷比赛当中。6 年之后，我选择走向经营的道路。如今回头反思，我已经能深刻理解这份让 Jambon 先生与 Margeon 先生都尽心竭力的职业，以及背后所蕴含的意义。

他们十分在意“自己是一名侍酒师”，不断自问侍酒师应有的姿态为何，同时为餐厅贡献心力，为销售额、进价、资产、企划、活动、教育、企业形象及宣传等操着心。

“侍酒师”并非可有可无，而是最受老板（公司领导者）信赖的重要存在。我相信这会是“侍酒师”这份职业未来的定位，在任何一个国家都是如此。

葡萄酒把我们连接到了一起。
与 2013 年度的世界最佳侍酒师 Paolo Basso 先生（瑞士）。
（摄于 2000 年的加拿大侍酒大会）

见第 189 页
克莱尔谷
澳大利
斯泰伦博斯
南非共和国
大南区
沃克湾
巴罗沙谷
伊甸谷
雅拉谷
World

本书登场的主要葡萄酒产地

夏布利
香槟区
塞
纳
河
都兰
阿尔萨斯区
勃艮第区
卢
瓦
尔
河
桑塞尔
安茹
卢瓦尔河流域
蒙塔榭
薄酒莱区
梅多克
波尔多区
罗
纳
河
艾米达吉
利布尔讷
罗讷河流域
朗格多克－
鲁西永区
加
隆
河
普罗旺斯区
科西嘉岛

法国

德国和意大利

摄于 2000 年世界最佳侍酒师大赛加拿大大会的最终决赛。

后　记

“那么问题来了，在前言里提到的酿造优良葡萄酒的四大条件中，你觉得哪项是最重要的呢？”

我常在研讨会上如此询问听众。每个人的回答都不同，我想大概没有一个问题的答案能有如此大的分歧了。

“最重要的条件是葡萄品种。”虽然我很想这么回答，因为这个答案像是在为本书背书，但是正确答案并非如此。所有条件都很重要。

葡萄酒的个性源于这四大条件。高温带或低温带、平地或斜坡、炎热年份或干旱年份、偏爱传统手法的酿酒师或使用现代手法的酿酒师，这些差异造就出葡萄酒千变万化的个性。在品尝葡萄酒个性的同时，只要发挥想象力并领会个性的含义，就等于是在了解葡萄酒。

葡萄，是集结上述个性要素成型的产物。葡萄果实所吸取的个性要素，会毫无修饰地直接反映在葡萄酒上。

我在很年轻的时候，就幸运地在国际大赛上获得了不错的成绩，报纸杂志也马上刊登了关于我的报道，而我的知名度跟着扶摇而上。在我接受第一次访问后没多久，我在酒吧里偶遇当时采访我的编辑，我们碰巧坐在同一桌。

“你那天访问时讲的内容全都是田崎先生曾经说过的话，不是吗？你这样完全不行！不用自己的方式表达出来，那就只是抄袭罢了！”他直截了当地驳倒了我。

我相当懊悔，不过那位编辑的批评句句直击要害，当时的我确实会模仿田崎真也先生的言行。虽然如此，我仍认为观摩优秀的典范，并通过模仿直接吸收知识，是成长过程中的最佳捷径。

在接下来的侍酒师生涯中，我邂逅了各方人士，有侍酒师、厨师、经营者、顾客、酿酒师等，也经历了各种因葡萄酒结缘的工作，通过在这些过程中累积的经验，以及不断地学习，我的言谈内容日渐丰富充实，久而久之，我已经学会如何用“自己的方式”表达想法了。我所阐述的想法并非由我自己凭空想象而来，而是将围绕在我身旁的要素以语言的形式表现出来。

“我希望能用石田先生的想法贯穿这本书。”对我这么说的人，正是 17 年前问我“你没有自己的想法吗？”的编辑——佐藤由起先生。看到我又往事重提，佐藤先生恐怕会对我说：“这件事你也差不多该忘了吧。”但是，我现在甚至觉得，说不定正是因为有 17 年前的那句话，才促成了本书的策划呢！

最后我要借此机会感谢尽心尽力出版本书的日本经济新闻出版社的堀川绿小姐，以及不吝与我分享自身想法、至今有缘相见的各界人士。最后，谢谢各位读者读完本书，真的非常感谢你们。

2013 年 7 月

石田 博

图片来源

p.2 勃艮第的葡萄园

©BIVB ／ GAUDILLERE TH.

p.76 甲州葡萄

© 中央葡萄酒（株）

p.132 勃艮第的葡萄田“科多尔”

© BIVB ／ ARMELLEPHOTOGRAPHE.COM

p.166 歌海娜

©Inter-Rhône

其他照片为作者私物

快读·正能量生活馆™

《暖暖的女人不生病》

医学博士专门写给千万女人的“暖活”方案

手脚易凉、经常感冒、肤色暗沉、腿脚肿胀、发胖、痛经甚至不孕等一系列症状，是女人健康和美丽的头号潜敌！而身体会有这些症状的原因就在于你的身体“不暖”！

请大家用常用手的手心摸一摸后脖颈。是不是感觉“很舒服”？请大家再依次摸一摸“上臂的后侧”“膝盖后侧”与“脚踝”。如果摸了之后觉得“温温的，很舒服”，那就说明你“不暖”，是寒性体质。

《暖暖的女人不生病》是国内首部引进的寒性体质主题权威著作，由日本医学博士福田千晶融汇二十多年专业经验，从饮食、穿着、生活习惯和体操按摩等四个生活基本面，为现代都市女性量身定制的一整套全面、细致的超级“暖活”方案，并配上生动有趣的手绘插图，让你一看就懂，轻松照做。她在书中指出，只要在日常生活细节中做出一点点改变，就能有效驱寒，让身体从内到外时刻处于温暖的状态。

翻开本书，从此告别寒性体质，做暖暖的健康、美丽女人。

快读·正能量生活馆™

节奏越快，生活越忙，越需要正能量。正能量是一种人生态度，也是一种可践行的生活方式。

快读·正能量生活馆™，是一套致力于提供全球最新、最智慧、最让人感动的生活方式提案丛书。从冥想到美食，从心理自助到人际沟通，贯穿现代都市生活的方方面面，贯彻易懂、易学、易行的阅读原则，让您的生活变得更加丰盛，心灵更加积极，人生更加强大。